KB074577

먹고 놀고 자는
# 잘잘잘
# 육아

생태적으로 아이 키우기

먹고 자 놀고 자는

# 잘잘잘 육아

생태적으로 아이 키우기

글

**조순영**

**이영경**

**위다겸**

**송주은**

청어람 Life

# 아이도 부모도 행복한
# '잘잘잘 육아'

아이가 초등학교 3학년 때 일입니다. 반 친구들이 집에 놀러와서 뭘 하며 놀까 궁리하다 딸아이가 강아지 놀이를 제안했습니다. 의아한 눈으로 바라보는 친구들 앞에서 아이는 거실 바닥을 기어다니며 강아지 흉내를 내기 시작했습니다. 한 친구는 재밌겠다며 같이 했고, 나머지 아이들은 황당한 표정을 짓거나 고개를 돌렸습니다.

시간이 지나면서 지켜보던 친구들도 한 명 두 명 '멍멍~ 왈왈~ 깽깽~ 으르렁~' 하며 강아지 흉내를 내기 시작했고, 얼마 지나지 않아 모든 아이들이 집 안을 기어다니며 세상에서 가장 신난 강아지들이 되었습니다. 그렇게 와자지껄하게 놀고 난 후 집으로 돌아가는 아이들의 표정은 어느 때보다 밝았습니다.

친구들이 모두 집으로 가고 난 뒤 아이에게 물었습니다. "그래도 3학년인데 너무 유치하게 노는 거 아니야?" "엄만 놀이를 몰라! 놀 때는 유치하게 노는 게 젤 재밌어요!!" 그 아이가 이제 대학생이 되었습니다. 잘 놀 줄 모르는 부모 밑에서 참 잘 노는 아이로 자란 아이는 이렇게 말합니다. "물과 모래, 그릇만 있으면 지금도 하루 종일 재밌게 놀 수 있어. 친구들이 있음 더 좋고~."

어린 시절 온몸으로 신명나게 놀았던 추억은 평생 동안 삶의 든든한 버팀목이 됩니다. 친구들과 어울려 놀면서 새로운 것에 도전할 줄 아는 용기를 얻고, 실패하더라도 다시 일어설 줄 알게 되며, 때로는 한 발 물러설 줄 아는 법도 배웁니다. 햇빛, 바람, 벌레, 풀과 함께 자연에서 뛰어놀면서 생명의 경이로움을 느끼고, 조건 없이 베푸는 자연의 넉넉함을 배우고, 변화하는 계절 속에서 세상의 이치를 알아갑니다. 아이는 그렇게 친구들과 자연 속에서 놀면서 몸과 마음이 큰 사람으로 자랍니다.

사람은 누구나 '스스로 자라는 힘'을 가지고 태어납니다. 자연이 스스로 존재하고 저절로 이루어지듯, 누가 가르쳐주지 않아도 갓난아이는 넘어지기를 수없이 반복하다 결국 제 발로 걷고, 옹알이를 겨우 하던 아기가 어느새 하루 종일 재잘거리며 떠들고 있습니다.

이렇듯 모든 사람이 타고나는 스스로 자라는 힘, 그 힘에서 출발하는 육아가 생태육아입니다. 아이를 부모가 원하는 대로 만드는 것이 아니라, 한 발짝 물러나 아이를 지켜보고 그에 발맞추며 따라가는 것이 바로 생태육아입니다. 또한 생태는 관계 맺음이고, 생태육아는 수많은 관계 속에서 아이를 키우는 것입니다. 사람과 어울리고 자연과 더불어 살아가는 환경을 만들어주는 것이 생태육아입니다.

'잘잘잘 육아'는 생태적으로 아이를 키우기 위한 방법론입니다. 이 책에서는 잘 먹고 잘 놀고 잘 자는 아이를 키우기 위해 '놀이! 먹거리! 건강! 일상! 관계!' 다섯 가지 항목으로 나누어 살펴보았습니다. 잘 놀고[놀이], 잘 먹고[먹거리], 잘 싸고[건강], 잘 자고[일상], 잘 어울리면[관계] 아이는 건강하고 행복합니다.

육아는 이론과 머리로 되는 것이 아니라 온몸으로 겪어야 하는 실제 삶이고 생활입니다. 삶은 어느 하나만 잘해서 되지 않고 조화와 균형이 중요한데, 다섯 가지 요소(놀이, 먹거리, 건강, 일상, 관계)가 골고루 채워지고 균형이 잡힐 때 아이와 부모 모두 건강하고 행복할 수 있습니다. 이 책에서는 다섯 가지 항목을 중심에 두고 육아라는 실제 삶에서 일어나는 구체적인 질문과 어려움에 많은 사례와 경험을 통하여 답을 하고자 했습니다.

책을 집필하기 위하여 공통성과 다양성을 가진 네 사람이 모였습니다. 생태유아교육을 연구하고 실천하며 내 아이를 생태적으로 키우고 있다는 공통점, 그리고 30대, 40대, 50대의 다양한 연령과 서울, 경기, 부산,

경남의 다양한 지역에 살며 쌓은 서로 다른 경험은 생태육아를 좀 더 객관적으로 바라보고 균형감과 풍성함을 가질 수 있게 해주었습니다. 꼬박 1년 동안 일주일에 한 번씩 만났습니다. 네 사람 모두 육아와 직장 일을 병행하며 바쁜 중에도 매주 모임을 가질 수 있었던 것은, 아이를 키우는 일이 무엇보다 중요하고 위대한 일임을 알기 때문이고, '잘잘잘 육아법'으로 더 많은 부모와 아이가 행복해지기를 바라기 때문입니다.

책이 나오기까지 많은 분의 도움이 있었습니다. 먼저 가정에서, 유아교육현장에서, 교단에서 아이들의 건강과 행복을 위하여 노력해온 선생님들과 부모님들께 감사와 존경의 마음을 전합니다. 책 준비모임부터 매주 함께하며 도움을 준 류샛별 님, 소소한 질문과 도움 요청에 늘 기꺼이 응해준 김수영 님에게 특별히 감사의 마음을 전합니다. 마지막으로 책이 나오기까지 애써주신 청어람라이프 정종호 대표님께 감사의 인사를 드립니다.

2022년 봄,
저자를 대표하여 조순영

# 지금은 생태육아의
# 지혜가 필요할 때

오늘날 자연환경도, 사회환경도 아이들이 살아가기에는 턱없이 악화되어가고 있습니다. 그래서 아이 기르기에 예전보다 훨씬 더 많은 지혜와 용기가 필요합니다. 게다가 한국 사회는 2021년의 합계출산율이 0.81명으로 그 어느 때보다 아이들 한 명 한 명이 소중합니다.

이 귀하고 소중한 아이들을 행복하게 기르기 위한 고민이 깊은 이때 『잘잘잘 육아』가 출간되어 한시름 놓았습니다. 무엇을 먹여야 할지, 무엇을 입혀야 할지, 무엇을 하며 지내야 할지…… 많은 고민거리에 대해 이 책은 친절하면서도 전문적으로 알려줍니다. 가정에서뿐 아니라 유아교육 현장의 원장님과 교사들에게도 좋은 지침이 될 것 같습니다. 오랜 시간의 연구와 현장에서의 다양한 교육, 그리고 직접 육아를 통해 쌓아온 저자들의 지혜가 책을 읽는 내내 흐뭇함과 신뢰를 줍니다.

오늘날 여러 재난과 기후 위기 속에서 그 어느 때보다 생태육아의 지혜가 절실합니다. 어쩌면 우리는 아이들의 고유한 삶의 방식에 무지한 채로 살아온 것은 아닌지, 우리 아이를 너무 일찍 서둘러 경쟁 속으로 밀어 넣고 있는 것은 아닌지 돌아볼 필요도 있습니다. 이 책에는 생태육아의 철학과 지침이 곳곳에 에피소드로 묻어나고, 이 시대에 걸맞은 생생한 육아 방법을 구체적인 정보와 함께 소개하고 있어 부모들에게는 큰 힘이 될 것으로 믿습니다.

우리는 아이를 낳아 기르면서 '부모'라는 새로운 인격체로 거듭나는 것 같습니다. '부모'가 되고서야 삶의 깊은 곳에 있는 시름과 기쁨 모두를 온전하게 만나는 것은 아닐지요. 그러기에 부모가 된다는 것은 더할 나위 없이 두려운 일이기도 합니다. 내 아이가 건강하게 성장해나가는 데 필요한 생활의 지혜로 가득 찬『잘잘잘 육아』는 그럴 때 큰 힘이 되어줄 것입니다.

부디 자연의 순리와 시대의 지혜로,
아이와 더불어 건강하고 즐거운 시절을 보내시기 바랍니다.

2022년 푸르른 오월에,
수도권생태유아공동체 이사장 **임미령**

# 차례

----------

## 1장 놀이 : 놀면서 자라고 배우는 아이

# 놀이

놀면서 자라고 배우는 아이

아이는 놀면서 자라고,
놀면서 세상을 배웁니다.
놀이 안에서 얻은 배움은 아이에게
스스로 자라는 힘을 길러줍니다.

# 매일
# 놀아도
# 괜찮아

## 꼭꼭 숨어버린 아이들

우리의 어린 시절을 떠올려보면 집 앞 공터, 학교 운동장, 동네 골목 곳곳이 놀이터였습니다. 아이들과 숨바꼭질, 땅따먹기, 고무줄놀이를 하며 해 저무는 줄 모르고 땀 흘리며 뛰어놀았습니다. 그런데 지금은 그런 모습을 보기 어렵습니다. 왜 그럴까요? 아마도 우리 아이가 뛰어놀기보다는 더 다양한 경험을 하고, 남들보다 뒤처지지 않기를 바라는 부모의 바람이 작용하기 때문이겠지요.

영유아기 때부터 아이를 학업으로 내모는 부모들은 우리 사회가 학벌 위주의 사회이기 때문에 어쩔 수 없다고 말합니다. 하지만 어린 시절 신나게 놀았던 과거에도, 조기교육과 학습을 강조하는 지금도 내 아이가 행복하기를 바라는 마음은 똑같습니다.

## 더할 나위 없이 좋은 배움의 바탕, 그 이름은 '놀이'

교육 전문가들은 '아이는 놀면서 배운다'라고 입을 모아 말합니다. 아이가 이 세상을 살아가는 데 필요한 요소를 배우는 가장 좋은 방법이 바로 '놀이'라는 것이지요.

아이가 자신의 일을 스스로 하고, 자신과 세상에 대한 믿음과 신뢰를 쌓고, 사회성을 기르고, 학습의 기초가 되는 집중력과 몰입력을 기르는 것 역시 놀이로 가능합니다. 즉, 부모가 내 아이에게 바라는 다양한 경험치와 배움의 본질을 놀이 안에서 더욱 효과적으로 키워갈 수 있습니다.

따라서 아이가 충분히 놀이를 할 수 있도록 해야 합니다. 여기에서 놀이는 어른들이 제시하는 '놀이를 가장한 학습'이 아닌 아이에게서 나온 '자발성에 기인한 놀이'를 말합니다. 예를 들어 놀이를 가장한 알파벳 익히기 게임이나 학습교구를 이용한 수놀이가 아닌 끝없이 흙을 퍼담는 과정에서 재잘거리며 상상놀이를 즐기거나 종이 딱지가 너덜너덜해질 때까지 끝없이 겨루는 그 순간이 바로 아이가 자발적으로 놀이를 하는 모습이지요. 이렇게 아이가 스스로 놀이를 만들어내고, 온 감각을 사용하여 놀이를 즐길 때 그 속에서 매일 성장합니다.

## 놀이가 주는 선물

그렇다면 놀이는 아이에게 무엇을 선물할까요? 놀이는 아이에게 '몰입'

을 선물합니다. 영유아의 주의 집중 시간은 10분 내외라고 하지만, 유아교육 현장에서 놀이에 한번 빠지면 한 시간을 훌쩍 넘는 것도 모자라 교사가 소리쳐 불러도 모를 만큼 땀을 뻘뻘 흘리면서 노는 아이들을 종종 볼 수 있습니다.

놀이는 아이의 '의욕'을 불러일으킵니다. 학습지를 이용해서 '가나다라'를 가르치기 위해서는 제법 많은 시간과 노력을 들여야 합니다. 그러나 산책지에서 장수풍뎅이라도 만나 사랑에 빠지면 그것을 탐구하기 위해 끝없이 도감을 찾아보면서 글자를 금세 자연스레 깨우치는 것을 볼 수 있습니다.

놀이는 아이의 '사회성'을 길러줍니다. 오랫동안 사랑받아온 전래놀이에는 친구들과 함께해야만 하는 놀이가 많습니다. '무궁화꽃이 피었습니다'를 하기 위해서는 최소 3명이 필요합니다. 술래, 볼모, 그리고 구원자. 어디 그뿐인가요? 조금 움직인 친구는 넘어가줄 수 있는 아량 또한 필요합니다. 이렇게 친구와 즐겁게 놀면서 양보하고 타협하며 다른 사람들과 조화롭게 어울리는 방법을 배우게 됩니다.

놀이는 아이의 몸을 '건강'하게 해줍니다. 자연에서 매일 걷고 산책하며 높다란 바위나 나무에 오르내리고 바깥 놀이터에서 술래잡기하며 실컷 땀 흘리며 뛰어노는 아이는 종일 책상에 앉아 학습지와 씨름하거나, 스마트폰이나 PC 학습으로 거북목과 시력 저하를 걱정해야 하는 아이와 신체적으로 다를 수밖에 없습니다.

놀이는 아이의 마음을 '건강'하게 해줍니다.

놀다보면 즐겁고 긍정적인 정서를 자주 경험하게 됩니다. 놀이를 통해 긍정적인 정서를 느끼는 아이는 스트레스를 이겨내는 능력 또는 도전적이거나 위협적인 상황에서도 성공적으로 적응하는 능력인 회복 탄력성이 높아집니다.

이렇게 놀이에서 피어나는 다양한 자양분은 분명 아이의 행복한 삶에 토대가 될 것입니다.

## 놀며 배우며 자란다

아이가 스스로의 생각과 힘으로 즐겁고 행복하게 살아가기 위해서는 놀아야만 합니다. 그러기 위해서는 '지금 여기'에서 아이가 경험하는 행복이 앞으로의 삶에서 스스로가 주인이 되어 인생의 보람과 행복을 찾아가는 나침반이 될 수 있다는 부모의 단단한 믿음이 중요합니다. 덧붙여 아이의 놀이를 학습과 연관 짓는 것도 삼가야 합니다. 놀이는 아이의 삶 자체이며, 삶에서 행복과 즐거움을 느끼는 것이 아이의 일이고, 그것을 보장하는 것이 바로 어른의 일입니다.

매일 놀아도 괜찮냐고요? 매일 놀아도 괜찮습니다. 매일 놀아야 잘 자랍니다. 그리고 매일 놀아야 모든 부모가 진정으로 바라는 것, 즉 아이가 행복해집니다.

# 놀이를 다룬 TV 프로그램

### EBS 특집 다큐_놀이의 기쁨

놀이는 '아이의 본능'이자 '삶' 그 자체라는 시선으로 놀이의 힘에 주목하며, 아이와 잘 놀아주기 위해 노력하는 부모들의 고민을 담았습니다. 1부 스스로 놀아야 큰다, 2부 밖에서 놀아야 큰다.

### EBS 신년특별기획_놀이의 힘

뇌 발달뿐 아니라 정서와 인지 발달, 그리고 사회성에까지 영향을 미치는 놀이의 힘을 조명합니다. 그리고 아이의 삶에서 놀이가 사라졌을 때 어떤 일이 일어나는지를 보여줍니다. 1부 놀이는 아이의 본능이다, 2부 놀이는 경쟁력이다, 3부 진짜 놀이 가짜 놀이.

### EBS 다큐프라임_놀이의 반란

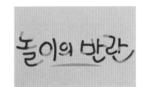

놀이에 대한 상식을 뒤집고, 놀이야말로 최상의 교육임을 일깨워주는 데 도움이 되는 영상입니다. 1부 놀이, 아이의 본능, 2부 아빠 놀이, 엄마 놀이, 3부 놀이에 대한 생각을 바꾸다.

### MBC 스페셜_일곱 살의 숲

일곱 살 인생에서 가장 중요한 것은 노는 것이고, 놀이를 통해 자기를 만나고 지금 당장 행복을 온몸으로 배우라고 말하는 숲유치원 일곱 살 아이들의 이야기를 담고 있습니다.

# 놀이에도 '진짜'와 '가짜'가 있다

## 진짜 놀이와 가짜 놀이

놀이 전문가들은 놀이에도 진짜 놀이와 가짜 놀이가 있다고 말합니다. 그렇다면 진짜 놀이는 무엇이고 가짜 놀이는 무엇일까요?

진짜 놀이란 아이 스스로 즐겁고 재미있게 노는 것입니다. 놀이터에서 한 무리의 아이들이 교사가 제안한 '무궁화꽃이 피었습니다'를 하고 있습니다. 그런데 놀이 중 한 아이가 신발이 벗겨지면서 깽깽이걸음으로 신발을 찾아 움직이자 다른 아이들이 그 모습을 보며 웃음을 터뜨립니다. 자연스레 아이들은 자기들끼리 신발 던지기 놀이를 하며 '한 발로 신발 찾아가기', '누가 누가 더 멀리 던지나', '목표물에 신발 넣기' 놀이를 하며 시간 가는 줄 모르고 놉니다.

이처럼 진짜 놀이는 어른들이 준비한 놀이나 놀이 키트를 가지고 정해진 방법에 따라 수동적으로 하는 놀이가 아니라 스스로 선택하여 시작하고, 실패해도 재도전하며 시간 가는 줄 모르고 즐기는 놀이입니다.

그럼 가짜 놀이는 무엇일까요? 아이의 놀이는 성별이나 연령, 기질, 생활 환경 등에 따라 매우 다양합니다. 수많은 놀이 중에서 가짜 놀이는 다음과 같은 특징을 가지고 있습니다.

첫째, 끊임없이 새로운 장난감을 찾게 만드는 놀이입니다. 장난감이 곧 놀이는 아닙니다. 장난감 없이는 놀지 못하고, 놀기 위해서는 장난감이 있어야 한다면 가짜 놀이를 하고 있는 것이지요.

장난감이 없더라도 자기 몸으로 혹은 주변에 있는 사물로 재미있게 놀 수 있는 존재가 아이입니다. 아이는 놀이의 천재입니다. 그런데 실물 같은 정교한 장난감을 가지고 노는 아이는 끊임없이 자신의 눈과 귀를 자극해줄 새로운 장난감을 찾으며, 아이 본래의 놀이 본능, 즉 무엇으로든 놀 수 있는 타고난 놀이 본능을 잃어가게 됩니다.

둘째, 현실이 아닌 가상 세계에서 이루어지는 놀이입니다. 컴퓨터 게임은 놀이 친구가 필요 없고, 생각하지 않아도 되며, 오직 손가락만 움직입니다. 아이가 TV에 집중하거나 컴퓨터 게임을 오랫동안 하는 것은 집중력과 무관합니다.

컴퓨터나 스마트폰 게임은 현실과 가상 세계에 대한 구분이 명확하지 않아 영유아에게 특히 위험하고 부작용이 큽니다. 많은 연구에서 유아기에 TV나 컴퓨터 게임에 과도하게 노출되면 생각하는 힘과 조절력을 기르는 전두엽 발달에 심각한 문제를 일으킬 수 있다고 합니다.

아이가 원한다고 해서 좋은 놀이가 아닙니다. 부모는 아이에게 그 놀이가 정말 이로운지 아닌지 가릴 수 있는 눈을 가져야 합니다.

셋째, 돈을 들여야만 가능한 놀이입니다. 놀이 키트는 놀이에 필요한 모든 재료가 갖추어져 있어 부모 입장에서는 편리하기에 선호합니다. 하지만 대부분의 놀이 키트는 정해진 순서와 방법에 그저 따라 하도록 되어 있습니다. 놀이 과정에서 아이의 생각과 사고가 끼어들 틈이 없지요. 이런 놀이는 결코 아이에게 좋은 놀이가 아닙니다.

호기심 가득한 아이는 자신의 뜻과 생각으로 이리저리 궁리하고 실패하고 재도전하고 싶어 합니다. 이 과정에서 즐거움을 느끼고 생각과 마음이 자랍니다. 또한 완성된 놀이 키트는 아이마다 제각각 가지고 있는 개

성은 찾아볼 수 없고 비슷한 결과물이 나옵니다. 결과물이 조금 부족해 보일지라도 자신의 아이디어로 자기만의 작품을 만들도록 하는 것이 좋습니다.

부모가 편하게 일을 보기 위해 아이를 맡기는 키즈카페도 겉만 번지르르한 '짝퉁' 놀이입니다. 요란한 소리, 알록달록한 플라스틱 소재, 너무 많은 양의 장난감은 오히려 아이가 한 가지 놀이에 깊이 몰입하는 것을 방해합니다. 스치듯 건드려 보고 마는 놀잇감 순례는 진짜 놀이라고 할 수 없습니다.

## '명품' 놀이로 놀이의 질을 높이자

돈이 드는 플라스틱 장난감이나 놀이 키트 대신 재활용품을 놀잇감으로 사용해보면 어떨까요? 집에 쌓여가는 택배상자는 아이의 좋은 놀잇감이 될 수 있습니다. 크기가 다양하고 가벼워 아이가 다루기에 좋고, 색과 모양이 단조로워 꾸미기에도 좋습니다. 쌓기 놀이, 기차 놀이, 집 놀이, 자동차 등 무엇이든 아이가 원하는 놀잇감으로 변형할 수 있고, 놀다 망가지더라도 부담이 없으며, 망가진 상자는 펼쳐서 그림 그리는 도화지로 사용할 수도 있습니다.

냄비와 그릇, 주걱 등 주방용품도 아이가 무척 좋아하는 놀잇감이 될 수 있습니다. 밀가루에 식용색소를 넣어 점토 대신 사용하면 안전하고 질감 좋은 놀잇감이 되지요. 장롱에서 이불을 꺼내 바닥에 쌓아놓고 뒹굴거나 우산을 활짝 펼쳐서 놀 수도 있습니다.

아이에게서 "와, 진짜 잘 놀았다!", "이제 그만 놀고 좀 쉴래"라는 말을 들어본 적 있나요? 과연 아이는 무엇을 하며 어떻게 놀았을 때 잘 놀았다고 말할까요? 바닷가에서 모래 놀이에 푹 빠져 시간 가는 줄 몰랐거나, 공원이나 집 앞 놀이터에서 친구들과 해 질 무렵까지 술래잡기를 하거나, 나른한 오후 엄마, 아빠와 이불 더미 속에서 뒹굴거리며 끝도 없이 김밥 말이 놀이를 할 때 아이들은 잘 놀았다고 느낄 수 있습니다.

이러한 놀이 과정에서 아이의 본능과 삶의 모습이 그대로 드러나는 것을 볼 수 있습니다. 특별한 장난감이 없어도 일상에서 흔히 보고 만나는 것들이 놀잇감이 되고, 사람과 더불어 함께하는 즐거움을 느낄 수 있는 놀이가 바로 '명품' 놀이입니다.

# 아이를 위한 진짜 놀이

### • 아이가 주인이 되는 놀이

놀이는 놀고자 하는 아이의 마음에서 시작됩니다. 아이의 의지로 시작된 놀이는 아이 스스로 만들어가는 살아 있는 시간과 공간입니다. 부모는 아이 놀이에 초대받은 손님이 되어주세요. 아이가 주도하여 노는 놀이가 아이의 놀이입니다.

### • 시간과 공간을 넘나드는 놀이

정해진 시간과 제한된 공간에서는 놀이가 제한될 수밖에 없습니다. 시간에 구애받지 않는 놀이, 공간을 넘나들며 더욱 풍성해지는 놀이로 놀이가 놀이를 만들어낼 수 있도록 해주세요. 충분한 시간 동안 다양한 공간을 오가는 놀이가 아이의 놀이입니다.

### • 사람과의 만남이 있는 놀이

아이에게 타인은 또 하나의 세상입니다. 따라서 놀이 속에서 부모, 또래, 이웃과 관계 맺으며 마음을 나누고 깊이 있는 교감을 경험하도록 도와주세요. 사람과 사람이 만나는 놀이가 아이의 놀이입니다.

### • 지금 여기에 있는 놀이

놀이는 목적과 결과보다는 과정에서 행복을 찾습니다. 아이가 놀이의 바다에 흠뻑 빠져 있는 그 순간, 부모는 즐거운 마음으로 함께해주세요. 지금 이 순간 행복한 놀이가 아이의 놀이입니다.

### • 웃음이 함께하는 놀이

밝은 웃음은 건강하고 행복한 아이의 상징입니다. 부모는 정해진 놀이를 따라가기보다는 엉뚱하고 예측 불가능한 재미로 놀이에 웃음을 얹어주세요. 웃음이 함께하는 놀이가 아이의 놀이입니다.

# 좋은
# 놀잇감의
# 세 가지 조건

## 돈이 들지 않는 놀잇감

부모들이 대형 할인점이나 백화점에서 가장 멀리하고 싶은 공간은 어디일까요? 바로 아이들의 시선을 한순간에 사로잡는 장난감 코너입니다. 그곳에서는 아이와 실랑이하며 혼내는 부모, 소리를 지르거나 울면서 떼를 쓰는 아이의 모습을 쉽게 볼 수 있습니다.

장난감이 귀했던 시절과 달리 지금은 장난감이 찰나의 재미와 기분 전환, 보상이 되는 경우가 흔합니다. 집집마다 장난감이 넘쳐나고, 아이들은 장난감에 금방 싫증을 느껴 쉽게 사고 버리곤 합니다. 그러다 보니 양육비에서 장난감 구입 비용이 큰 부담이 되는 것이 현실입니다.

사실 아이들은 특별한 장난감 없이도 놀 수 있습니다. 아기들은 손가락, 발가락을 빨며 몸으로 놀고, 좀 더 큰 아이들은 공 하나만 있어도 친구들과 반나절은 거뜬히 놀 수 있지요. 그게 바로 아이들의 놀이 본능입니다. 다시 말해 아이들의 놀잇감은 꼭 이름난 교구나 값비싼 장난감이 아니어도 된다는 것입니다.

## 정해진 놀이법이 없는 놀잇감 – 천, 털실, 나무토막

인기 있는 어린이 유튜브 채널을 보면 장난감을 소개하는 영상이 많습니다. 그 영상들 대부분은 새 장난감을 개봉해 구성품을 살펴보고 조립해 사용하는 과정을 상세하게 보여주며 아이들의 구매 욕구를 강렬하게 불러일으키지요.

이렇게 영상으로 장난감을 만난 아이들은 스스로 새로운 놀이를 만들어내기보다는 영상에서 본 내용을 그대로 모방하는 데 그치기 쉽습니다. 장난감에 대한 흥미가 식어갈 때쯤 새로운 영상을 접하면 또다시 '장난감 소비 놀이'가 시작되는 것이지요. 장난감 순례를 하는 아이는 앞서 말한 '진짜' 놀이를 하고 있는 것이 아닙니다.

자연에서 뛰어놀다 만난 커다란 바위는 노래하는 무대가 되고, 전쟁놀이의 본부가 되기도 합니다. 또 소꿉놀이에서는 아기침대, 바다놀이에서는 커다란 거북선으로 변신하기도 하지요.

이처럼 아이의 상상과 생각이 시시각각 반영될 수 있는 놀잇감이 좋은 놀잇감입니다. 아이의 상상이 반영되기 위해서는 실물처럼 정교하게 만들어진 자동차나 인형 같은 놀잇감보다는 천조각이나 나무토막, 털실과 같이 고정되어 있지 않고 무엇으로든 변형이 가능한 놀잇감이 좋습니다. 아이는 이런 놀잇감을 가지고 놀 때 자기 마음대로 만들고 변형하고 새롭게 창조하며 놀이에 흠뻑 빠질 수 있습니다.

## 자극적이지 않은 놀잇감 - 모래, 흙, 물, 나무

자연에서 찾은 모래, 흙, 물, 나무 같은 놀잇감은 색이 화려하지도 않고 다양한 소리가 나지도 않으며 돈으로 살 필요도 없습니다. 하지만 아이들은 오히려 이런 놀잇감에 훨씬 더 깊이 몰입하는 경우가 많습니다. 모래나 흙, 물, 나무토막, 열매같이 자연에서 온 놀잇감은 아이가 상상하는 대로 변형이 가능하고, 자극적이지 않고 편안하게 다가오며, 실패하더라도 부담 없이 다시 시작할 수 있기 때문이지요. 아이를 자연과 만나게 해야 하는 이유가 바로 여기에 있습니다.

여러분은 '주의 피로 상태'[1]라는 말을 들어보셨나요? 현대인은 너무 많은 자극에 노출되어 항상 피로한 상태에 놓여 있다는 뜻입니다. 우리가 일상에서 잠시 벗어날 수 있는 숲이나 자연환경에 매료되는 이유입니다.

아이도 어른과 다르지 않습니다. 요즘 아이들은 형형색색의 플라스틱 장난감과 전자동 완구, 전자매체 등에 지나치게 노출되어 있습니다. 아이

---

1 주의 회복 이론(Attention restoration theory)에서 나온 말이다. 주의 회복 이론은 숲 환경이 주는 생리적, 심리적 쾌적감을 설명하는 이론으로(Kaplan, 1995) 현대인들이 살아가는 환경은 소음, 대기오염, 네온사인, 과도한 시각적 자극 등 수많은 외부 자극이 존재한다. 이러한 자극이 일상적이고 반복적으로 지속되면 사람들은 주의 피로(attention fatigue) 상태가 된다. 이 상태가 지속되면 과제 수행 능력과 문제 해결 능력이 저하되고 다양한 부정적 정서가 유발되며, 실수를 하거나 사고를 일으킬 가능성이 증가한다. 주의 피로 상태에서는 효과적으로 일상생활을 영위할 수 없다. 따라서 일상생활을 건강하게 영위하기 위해서는 일정 수준 이상의 주의력을 유지해야 한다.

음식을 만들 때 간을 싱겁게 하듯, 알록달록한 원색의 강렬한 시각 자극은 아이에게 좋지 않습니다. 아이들은 자연에서 만나는 자극적이지 않은 놀잇감에 더 오랜 시간 동안 행복하게 몰입할 수 있습니다.

## 장난감이 많아야 잘 놀까?

장난감이나 놀잇감이 많다고 아이가 잘 노는 것은 아닙니다. 장난감이 너무 많으면 하나의 장난감을 진득이 가지고 놀기보다는 조금 만지작거리다 금세 흥미를 잃고 다른 장난감을 건드리는 식으로 겉핥기 놀이가 될 수 있습니다.

하나의 놀잇감을 가지고 요리조리 만지며 충분히 탐색하는 과정에서 놀잇감의 특성이 파악되고 그때부터 재미있는 놀이가 시작됩니다. 그렇게 재미있게 놀면서 아이디어가 생기고 몰입력과 창의력이 길러집니다.

아이가 잘 놀기 위해서는 '장난감의 수'보다 자유롭게 놀 '공간'이 중요합니다. 놀잇감을 마음대로 펼쳐놓고 충분히 움직일 수 있는 '비어 있는 공간' 말이지요. 장난감을 줄여서 생기는 여백의 공간만큼 아이의 창의력도 함께 자랍니다.

# 위험하게
# 놀아야
# 진짜 놀이다

## 지금 이 순간 아이가 행복한 놀이

잘 노는 아이는 생기가 넘칩니다. 눈은 초롱초롱하고, 입가엔 웃음기가 가득하여 바라만 봐도 힘찬 기운이 느껴집니다.

집에서 숨바꼭질할 때를 생각해보세요. 아이는 옷장 속, 식탁 아래와 같이 자기 몸 하나 들어갈 수 있는 좁은 틈에 숨어 들키지 않으려고 긴장합니다. 술래가 가까이 왔을 때 최고의 몰입 상태가 되지요. 이때는 뛰어다니지 않아도 땀을 뻘뻘 흘리며 세상에서 가장 즐거운 아이가 됩니다.

어린 시절 놀이의 중요성을 강조하는 많은 전문가들은 놀이를 통한 몰입의 경험이 똑똑한 아이로 키우는 조건이 될 수 있으며, 아이의 사회성, 정서 지능, 도덕성 등을 발달시킬 수 있다고 말합니다.

하지만 제일 중요한 것은 다시는 오지 않을 '지금 이 순간' 아이가 행복에 겨워 살아 있음을 느끼게 하는 데 놀이가 큰 역할을 한다는 점입니다. 그리고 아이에게 생기 있는 모습을 찾아주는 놀이에는 위험과 도전, 모험이 뒤섞여 있습니다.

## 위험해야 오히려 안전하다고?

어른들이 아이의 놀이에서 고려하는 요소 중 하나가 '안전'입니다. 놀이터나 유아교육기관의 놀이기구는 안전 기준에 적합해야 설치 가능하고, 부모와 교사는 놀이에서 안전을 최우선으로 강조하다보니 재미는 뒷전인 경우가 많습니다. 이렇게 놀이에서 안전을 중요하게 생각하는 요즘, 아이의 생기 있는 모습을 찾기 위해 놀이가 '위험'해야 한다는 것은 무슨 의미일까요?

놀이터 디자이너 편해문 선생님은 '콘크리트 하수도관', '돌산', '정글짐'에서 아찔하고 마음을 사로잡는 놀이에 빠져 지내던 자신의 어린 시절을 회상하며, 아이들의 놀이에는 '위험'을 스스로 맞닥뜨릴 기회가 필요하다고 말합니다.

그는 놀이터가 위험해야 오히려 안전하다고 강조합니다. 그가 말하는 놀이'터'는 규격화된 놀이기구와 정형화된 안전 기준을 통과한 일반 놀이터나 키즈카페가 아닙니다. 그곳은 숲이 있는 자연이나 공터같이 어른의 시선으로는 놀이터라고 볼 수 없는 다소 위험한 공간일 수도 있습니다. 조금 높은 언덕에서 폴짝 뛰어내리다 발목을 삐끗할 수도, 폭신한 우레탄 바닥이 아닌 흙바닥에서 신나게 질주하다 넘어져 무릎이 까질 수도 있는 그런 놀이 공간을 말하지요.

아이가 이러한 놀이의 '터'에서 마음껏 놀고 부딪히며 자신의 안전을 스스로 지키고 대처하는 능력을 키울 수 있도록 도와주어야 합니다. 위험이 있는 곳이 오히려 더 안전할 수 있다는 것을 부모가 알아차리는 것에서부터 아이의 놀이는 살아납니다.

## 아이가 자유롭게 놀 틈을 주자

아이가 도전적으로 놀이를 할 수 있는 매력적인 공간이 있다 하더라도, 아이에게 자유롭게 놀 '틈'을 주지 않는다면 아이는 제대로 놀 수 없습니다. 비정형화된 공간에서 충분한 시간이 주어지고 그 속에서 부모의 조바심이 사라진다면, 아이는 무엇이든 할 수 있고 무엇이든 될 수 있습니다. 아이가 자신의 놀이'터' 이곳저곳을 살피고 누비며 내 몸, 내 의지로 놀이를 만들어가는 것이지요. 어제보다는 오늘 좀 더 높은 곳에서 뛰어내려 보고, 5세에는 하지 못했던 나무 오르기를 6세에 할 수 있게 되면서 아이의 삶은 도전과 모험으로 하루하루 채워지게 됩니다.

아이는 도전과 모험이 가득한 놀이를 통해 스스로를 지켜내는 힘을 기르고 몸과 마음도 함께 자랄 수 있습니다. 이때 기르게 되는 성취감과 자신감, 그리고 무엇이든 상상할 수 있는 창의성은 아이가 건강하고 생기 있는 삶을 살아가는 데 큰 자양분이 됩니다.

# 손끝 놀이로
## 집중과 몰입
### 키우기

## 손은 최고의 놀잇감

아이와 함께 차나 기차, 비행기 등으로 이동할 때 틈새 시간을 어떻게 보내나요? 끝말잇기로 시간을 보내다가 "엄마, 심심해"라는 말 한마디에 아이 손에 스마트폰을 쥐여주지는 않나요? 이는 집에서도 다르지 않습니다. 그래서 많은 부모들이 아이와 더 오랜 시간 동안 잘 놀 수 있는 육아 템 혹은 놀잇감을 찾습니다.

장난감이나 놀잇감이 있어야 노는 아이가 있는 반면에 혼자서 별다른 장난감 없이도 잘 노는 아이가 있습니다. 혼자서 잘 노는 아이를 가만히 지켜보면 무엇을 만지거나 끼적이고, 뚝딱뚝딱 만들면서 끊임없이 손을 움직입니다. 이렇게 손을 계속 움직이면 손끝 신경이 자극되어 두뇌 발달이 활발하게 이루어집니다. 또한 바쁜 부모에게는 잠깐이나마 쉴 틈을 줍니다.

## 꼬물꼬물 서너 살부터 할 수 있는 손끝 놀이

손을 잘 놀리는 아이로 자라게 하려면 어릴 적부터 손을 자유롭게 쓸 수 있게 해야 합니다. 하지만 부모들은 외출 준비 시간을 줄이기 위해, 혹은 아이가 아직 어리고 서툴고 느리다고 판단해 아이 스스로 해볼 기회를 주지 않고 대신 해주는 경우가 많습니다. 실제로 서너 살 아이도 제 손으로 할 수 있는 일이 많습니다. 무엇보다 손의 감각을 기르기 위해서는 일상생활에서부터 시작해야 합니다. 흔히 말하는 '자조 능력'이 그것이지요.

아이에게 손을 마음껏 움직일 수 있는 자유를 주세요. 부모가 조금만 기다려주면 아이는 곧잘 해낼 수 있습니다. 어린아이가 본능적으로 좋아하는 놀이가 있습니다. 바로 끼적이기와 찢기, 오리고 붙이기, 끈 꿰기 등입니다. 이는 모두 손의 힘을 기르는 놀이입니다. 이러한 놀이를 충분히 해야 손을 잘 놀리며 진짜 잘 노는 아이가 될 수 있습니다. 놀이를 할 때는 아이가 아직 서툴 수 있으므로 부모가 너그러운 마음과 따뜻한 시선으로 함께해야겠지요.

## 아이의 손끝 놀이에는 한계가 없다

어릴 때부터 손을 충분히 움직인 아이는 유아기가 되었을 때 부모가 생각하는 것보다 더 정교하고 풍부한 감각으로 손을 움직일 수 있게 됩니

# 3~4세 아이의 손끝 놀이

## 살아가는 손끝 힘

- 숟가락질, 포크질 하기
- 양말과 신발 벗고 신기
- 바지 벗고 입기
- 윗옷 벗고 입기
- 똑딱단추 풀기
- 이불 펴고 개기
- 손걸레질하기

## 놀이하는 손끝 힘

- 손치기 놀이 – 부모와 함께 노래에 맞추어 손치기 혹은 손뼉치기
- 옮기기 – 손가락으로 구슬 옮기기, 집게로 탁구공 옮기기,
  숟가락으로 콩 옮기기 등
- 꿰기 – 줄에 구슬 꿰기, 펠트 천에 끈 꿰기
- 접기 – 종이, 옷 등
- 그리기 도구로 끼적이기
- 안전가위로 오리기
- 풀로 붙이기
- 분류하기 – 형태, 색,
  크기에 따라

내가 내가 내가
내가 내가
내가 내가 할 거야

다. '손이 야무진 아이'로 자라는 것이지요. 이런 아이들은 손을 잘 쓸 수 있기에 집안일도 곧잘 해내어 집안 내 든든한 살림꾼이 되기도 하고, 간단한 바느질은 물론 각종 장신구와 생활용품을 만드는 재주를 발휘하여 성취감을 맛보게 됩니다.

아이가 손끝 놀이에 집중하는 시간을 지켜보면 짧게는 30분, 길게는 한두 시간을 훌쩍 넘기며 몰입하는 모습을 볼 수 있습니다. 하지만 이렇게 되기까지 아이 스스로 해내는 부분도 있지만, 부모의 도움이 꼭 필요합니다.

부모는 아이가 손끝 놀이에 익숙해질 때까지 옆에서 충분히 지켜보면서 지원을 해주어야 합니다. 바늘에 실 끼워주기, 바늘에 실 고정해주기, 매듭 지어주기, 코 빠뜨리면 다시 해주기 등 아이가 힘들어하는 부분에서는 기꺼이 도와주어야 합니다. 그리고 상자 뜨기나 팔찌 만들기 같은 손끝 놀이의 경우, 부모가 그 방법을 숙지하고 있어야 아이에게 도움을 줄 수 있겠지요? 처음에는 부모가 다소 힘들 수 있으나 이 과정을 거치고 나면 분명 아이가 펼치는 손끝 놀이 세상에 온 가족이 흠뻑 빠져들 것입니다.

# 5~8세 아이의 손끝 놀이

**살아가는 손끝 힘**

각종 집안일을 놀이 삼아 함께할 수 있어요!
(4장 일상 편 참고)

**놀이하는 손끝 힘**

- 종이접기
- 실뜨기
- 바느질로 수놓기 및 쿠션과 인형 만들기
- 단추 달기
- 땋기
- 꼬기(머리카락, 털실, 밧줄, 끈)
- 색실로 팔찌 만들기
- 장명루 만들기
- 직조로 가방 만들기
- 상자 뜨기로 모자, 넥워머 만들기
- 대바늘로 목도리 뜨기
- 양말목으로 물통 주머니 만들기

♥ **바느질로 인형 만들기 & 빈 상자로 넥워머 뜨기**
QR 코드를 따라가면 아이가 바느질하는 영상을 볼 수 있어요.

# 그림책
## 선택에서
## 활용까지

## 아이 눈높이에 맞춘 그림책

그림책이 넘쳐나는 요즘은 내 아이에게 맞는 좋은 그림책을 고르는 것도 쉽지 않습니다. 그림책 중에는 어른이 아이에게 하고 싶은 말이나 훈육을 담은 책이 많습니다. 놀고 난 후 장난감 정리하기, 동생 잘 돌보기, 식사 후 양치하기 등 특정한 의도를 가진 책은 아이의 마음을 결코 움직이지 못합니다. 좋은 그림책은 아이의 마음에 공감하고 아이 안의 의지를 스스로 일깨우도록 하는 책입니다.

그림책을 고를 때는 아이가 재미있어하는지, 반복해서 보고 싶어 하는지를 살펴야 합니다. 다시 말해 그림책을 선택하는 첫 번째 기준은 어른이 아닌 아이의 눈높이에 맞추는 것입니다.

## 아름답거나 재미있는 표현이 가득한 '그림'책

그림책은 글자책과 달리 그림이 차지하는 비중이 높습니다. 그래서 그림책을 선택하는 두 번째 기준은 바로 '그림'입니다. 마음이 따뜻해지고 미소가 절로 나오는 그림이 좋습니다. 그림이 아름답고 예술적이라면 더욱 좋겠지요. 내용도 지나치게 자극적이지 않아야 합니다.

기발함과 재미있는 요소가 가미된 그림책 역시 즐거움을 배가시킵니다. 같은 사물 혹은 주제라도 기발하고 재미있는 그림으로 표현되어 있으면, 아이는 그 흥미로운 표현에 매료되어 그림책과 한층 더 친해질 수 있습니다.

## 고정관념이 형성되지 않는 그림책

그림책 중에는 여성과 남성의 역할(집안일은 여성, 직장 일은 남성 등)이나 성별에 따른 색깔(여아는 분홍색, 남아는 파란색)을 구분하는 경우도 있고, 아이와 어른의 역할을 고정하거나 인종에 대한 선입견을 갖게 하는 책도 있습니다. 이것은 세상을 알아가고 배움을 스스로 만들어가는 과정에 놓인 아이에게 성, 나이, 인종에 대한 고정관념을 심어줄 수 있습니다. 유아기에 형성된 부정적 선입견은 아이의 건강한 의식 함양에 걸림돌이 될 수 있으므로 세심한 배려가 필요합니다. 즉, 그림책을 선택하는 세 번째 기준은 그림책을 통해 고정관념이 형성되지 않도록 하는 것입니다.

## 귀중한 한 권의 그림책

아이의 그림책을 구입할 때 전집이냐 단행본이냐 고민하게 됩니다. 전집으로 구입하면 저렴한 가격으로 여러 권을 한꺼번에 얻을 수 있습니다. 그러나 아이가 보는 책은 그중 몇 권에 불과하고 결국 집 안 전시품이 되기 일쑤입니다. 아이에게는 수백 권의 책보다 좋아하는 한 권의 책이 더 의미가 있습니다. 아이가 좋아서 선택한 책은 성인이 되어서도 간직하고 읽으며 위안을 얻기도 합니다.

그렇다면 어떤 책을 골라주면 좋을까요? 우선, 도서관에서 그림책을 여러 권 빌려 아이에게 주고 반응을 관찰해보세요. 많은 책 중에서 아이가 자꾸 읽어달라고 하거나 반복해서 펼쳐보는 책이 있을 거예요. 아이가 한 권의 책이라도 신중하게 고르고 소중하게 간직할 수 있도록 하는 것이 중요합니다. 즉, 그림책을 선택하는 네 번째 기준은 양보다 질을 생각하고 아이가 좋아하는 한 권의 책을 함께 고르는 것입니다.

## 부모가 읽어주는 그림책

대부분의 부모는 내 아이가 한글을 빨리 깨쳐 읽기 독립하는 날을 손꼽아 기다립니다. 혼자서 그림책을 읽는 옆집 아이가 부럽기도 하고요. 하지만 그림책은 아이가 책 읽는 습관을 기르거나 글자를 익히기 위한 용도가 되어서는 안 됩니다. 다시 말해 그림책을 제대로 활용하기 위해서는 아이가 스스로 글을 읽을 수 있더라도 부모가 읽어주는 것이 좋습니다.

몇 번 읽어주고 나서 그림을 보면서 혼자 이야기를 상상하게 하는 것도 괜찮습니다.

아이가 스스로 그림책을 읽다보면 그림책의 그림이나 내용보다는 단순한 읽기에 집중하는 경우가 많습니다. 글자를 보면서 읽는 능력과 글의 문맥을 이해하는 능력은 다릅니다. 스스로 읽기보다 부모가 읽어주는 편이 아이가 그림책의 이야기를 이해하거나 그림을 감상하기에 훨씬 좋지요. 이때 부모는 그림책을 읽어주면서 설명을 많이 덧붙이거나, 다 읽고 난 후 아이에게 내용을 확인하는 질문을 지나치게 하지 마세요. 그림책을 통해 아이가 즐거워하는 것이 중요하고 그것 하나만으로도 충분합니다.

어떤 부모는 아이가 같은 책만 계속 읽어달라고 한다며 걱정합니다. 모방과 반복은 영유아기의 자연스러운 특성이며, 같은 책을 반복해서 보는 것은 너무나 당연하고 건강한 모습입니다. 아이는 반복해서 읽으며 그림책을 온전하게 이해하고 싶어 하니까요. 그림책의 그림과 내용은 읽으면 읽을수록 이전과 다른 부분이 눈에 들어오고 내용에 대한 이해가 깊어지고 그러면서 즐거움도 커집니다. 특히 부모가 그림책을 반복해서 읽어주면 아이에게 듣는 힘이 생기고, 듣는 힘은 이후 사회성과 연결되며, 학습력으로 발전합니다. 즉, 그림책을 제대로 활용하기 위해서는 아이가 반복해서 읽고 또 읽을 수 있도록 격려해주어야 합니다.

## 부모와 공감할 수 있는 그림책

그림책은 부모와 자녀를 단단하게 이어주는 끈입니다. 부모가 읽고 감동한 그림책을 아이에게 읽어주면 신기하게 아이도 관심을 갖는 경우가 많습니다. 서로 마음이 통해서이겠지요? 읽어주는 사람의 마음이 언어를 통해서 아이에게 전달되고, 그런 감동이 아이의 마음을 자라게 합니다.

좋은 그림책은 부모와 아이가 함께 기쁘고 행복하고 따뜻해질 수 있는 교류와 공감과 소통의 창입니다. 즉, 그림책을 제대로 활용하기 위해서는 부모와 아이가 책을 통해 서로 공감하는 마음을 나누어야 합니다.

# 이야기의 매력에
# 푹 빠지게
# 하려면

## 이야기 듣기 vs. 책 읽기

어릴 적 할머니 품에서 옛이야기를 듣거나, 엄마가 들려주는 재미난 이야기에 푹 빠졌던 적이 있나요? 아이들은 이야기로 세상을 이해합니다. 이야기를 들으며 부모와 교감하고, 즐거움과 재미를 얻고, 이야기 속에 담긴 삶의 가치를 배웁니다. 요즘은 입말 이야기(책이나 전자매체를 통하지 않고, 글에서만 쓰는 말이 아닌 일상 대화에서 사용하는 쉬운 말로 사람이 직접 들려주는 이야기)보다 그림책 읽기가, 그림책 읽기보다 영상 동화가 더 흔하지요. 하지만 그림책(글)을 읽는 것과 이야기(말)를 듣는 것은 다르고, 기계를 통해 나오는 소리와 사람의 입을 통해 전해지는 이야기는 또 다릅니다.

부모가 입말로 들려주는 이야기는 상황에 따라 들을 때마다 매번 다른, 살아 있는 이야기입니다. 살아 있는 이야기는 아이에게 즐거움과 기쁨, 호기심과 흥미로움, 안정감과 행복, 상상력과 창의력을 선물합니다. 그래서 아이에게는 그림책이나 기계음으로 듣는 이야기보다 부모가 입말로 들려주는 이야기가 비교할 수 없을 만큼 좋습니다. 그렇다면 아이에게 이야기를 어떻게 들려주어야 할까요?

## 이야기 들려주기 3단계

### • 준비하기

부모 자신의 경험이나 아는 이야기부터 시작하세요. 아이의 태몽이나 아이가 배 속에 있었을 때 이야기, 아이가 갓난아이였을 때 에피소드, 엄마 아빠의 어릴 적 이야기, 엄마 아빠의 연애 이야기 등 부모가 경험한 내용으로 마음의 부담 없이 가볍게 시작하면 됩니다. 부모가 부담 없이 이야기할 때, 아이도 편안하게 받아들이며 이야기의 재미에 빠져듭니다.

### • 시작하기

부모가 아는 이야기(동화)를 들려주세요. 걱정 마세요. 이야기가 완벽할 필요는 없으니까요. 이야기 내용이 중간에 조금 빠지거나 다른 이야기로 흘러가도 괜찮아요. 『해와 달이 된 오누이』, 『혹부리 영감』, 『흥부와 놀부』, 『성냥팔이 소녀』, 『신데렐라』, 『시골 쥐와 도시 쥐』 등 부모가 알고 있는 옛이야기를 들려주면 아이는 귀를 쫑긋하며 들을 거예요.

### • 무르익기

옛이야기 책에서 이야기를 하나 골라 들려주세요. 같은 이야기를 일주일 동안 매일 들려주어도 좋아요. 아이들은 같은 이야기를 반복해서 듣기를 즐긴답니다. 이야기를 한두 번 듣고 바로 이해하기 어려울 수 있고, 반복해서 들으며 온전하게 이해하기도 합니다.

옛이야기 추천 도서

또한 읽어주는 이야기가 아니라 입말로 들려주는 이야기는 이야기할 때마다 똑같이 재현할 수 없고 조금씩 달라지기 때문에 아이에게는 그것 자체가 즐거움으로 다가옵니다.

아이는 원본과 똑같은 완벽한 이야기를 듣고 싶은 것이 아니라, 이야기를 듣는 과정에서 부모와 소통하고, 이야기의 흐름을 이해하고, 그 속에 있는 메시지를 마음에 담기를 원하니까요.

## 언제 어디서 들려줄까?

장거리 이동을 할 때 차 안에서 이야기를 들려주세요. 그럼 차는 어느새 목적지에 도착해 있을 거예요. 밀린 설거지나 청소, 빨래를 해야 하는데 아이가 떨어지지 않는다면, 집안일을 하면서 이야기를 들려주세요.

이야기는 시간이나 장소에 상관없이 언제 어디서나 들려줄 수 있습니다. 하지만 바깥보다는 실내, 특히 협소한 공간이 이야기에 집중하기가 더 쉽겠지요. 그리고 이야기를 들려주기에 가장 좋은 시간을 꼽는다면 잠자기 전입니다. 아이가 잠자기 전 20~30분 동안 매일 이야기를 들려주세요. 매일 옛이야기를 들은 후 미소 지으며 잠자리에 드는 습관은 건강한 몸과 안정된 정서의 든든한 거름이 됩니다.

　아이가 책을 읽을 수 있게 되더라도 초등학교 저학년까지는 부모가 이야기를 들려주는 것이 좋습니다. 아이가 독서를 많이 하기 바라는 마음에 글자를 일찍 가르치는 경우가 있는데, 책을 좋아하는 아이로 키우고 싶다면 이야기를 즐기도록 해주세요. 어릴 적부터 이야기 듣기의 즐거움을 아는 아이는 학교에 가서도 자신이 좋아하는 그 이야기들이 책 속에 가득 있다는 것을 발견하고 자연스럽게 독서에 흥미를 갖게 됩니다.

# 옛이야기의 매력

하나. 삶의 진실과 가치를 일깨워줍니다.

옛이야기에는 꿈, 희망, 용기, 사랑, 정직, 배려, 나눔, 은혜 등 삶의 수많은 진실과 가치가 담겨 있습니다. 이를 심각하고 준엄하게 가르치기보다는 웃음과 즐거움으로 깨닫도록 합니다. 재미있어야 자연스럽게 배우고, 자연스럽게 배운 것은 오래갑니다.

둘. 치유의 힘이 있습니다.

옛이야기는 아이들이 가진 불안감, 초조, 화, 불만 등 부정적인 감정을 감싸주고, 아이 스스로 극복할 힘을 줍니다. 이야기에는 늘 위기가 등장합니다. 주인공이 겪는 고난은 아이 내면에서 일어나는 수많은 문제와 동일시되며, 결국 주인공이 고난을 극복하는 과정은 아이에게 갈등을 이겨낼 힘을 줍니다.

셋. 상상력을 키워줍니다.

옛이야기에는 황당하고 터무니없는 내용이 많습니다. 이런 허황된 이야기는 아이가 현실의 벽을 뛰어넘어 상상의 나래를 펼칠 수 있도록 해줍니다. 상상할 수 있는 힘은 기계와 다른, 인간의 중요한 특성이지요. 같은 이야기라도 아이마다 다른 그림을 그리고, 같은 아이라도 어제와 오늘의 그림이 다르며 내일은 또 다른 그림을 그릴 것입니다.

넷. 듣는 힘을 길러줍니다.

시각 자극이 과도한 현대 사회에서 입말에 의한 청각 자극은 경청의 힘을 길러줍니다. 경청하는 힘은 사회성의 기초가 되고, 학습력의 발판이 됩니다. 친구 말을 들을 줄 아는 아이가 원만한 사회관계를 맺고, 선생님 말씀에 귀 기울이는 아이가 공부를 잘할 가능성이 커지는 것은 당연한 결과이겠지요.

# 한글,
# 언제 떼면
# 좋을까

## 글자와 상상력

'내 아이가 책을 좋아했으면…….'
'내 아이가 공부를 잘했으면…….'
모든 부모들의 공통된 마음일 것입니다.

아이 지식 공부의 첫 관문은 한글 떼기입니다. 한글과 독서, 학교 공부가 연결된다고 생각하니 마음이 조급해집니다. 혹여 글자를 늦게 떼면 다른 아이들보다 성적이 뒤처지지 않을까 걱정이 됩니다. 그렇다고 아이에게 한글 공부를 억지로 시키자니 만만치 않습니다. 그렇다면 한글은 언제쯤 익히는 것이 좋을까요?

사람마다 생김새가 다르고 흥미와 욕구가 제각각이듯 아이마다 글자에 대한 호기심도, 배움의 적기도 다릅니다. 일찍부터 글자나 학습에 관심이 있다고 해서 학교 공부를 반드시 잘하는 것도 아닙니다. 중·고등학교에서 성적이 뛰어난 아이들을 보면 유아기부터 공부에 흥미를 느꼈던 아이는 매우 드뭅니다. 한글을 억지로 일찍 익힌 아이들은 학교 진학 후 오히려 책을 싫어하거나 심지어 책을 거부하기도 합니다.

이른 시기에 글자를 익힌 아이는 어릴 때의 풍부한 감각과 느낌을 글자 속에 가두어버리기도 합니다. 상상력을 펼칠 수 있는 그림보다는 글자에 집중하기 때문이지요. 내 아이에게 한글 조기교육을 시도하기 전에 글자를 억지로 빨리 익히도록 하는 공부법이 아이의 상상력과 독서 습관에 해로울 수 있다는 사실을 알아야 합니다. 그리고 한글을 일찍 떼면 학교 공부에 도움이 될 거라는 근거 없는 선입견 또한 버려야 합니다.

## 글자보다 어휘력을 키우게 하자

그래도 유아기 동안 학교 공부에 도움이 될 만한 뭔가를 하고 싶다면 글자보다 아이의 어휘력을 살펴볼 필요가 있습니다. 즉, 아이가 얼마나 다양한 단어를 구사하는지, 말의 문장을 어떻게 구성하는지가 더 중요한 것이지요. 실제로 요즘은 중·고등학교에 진학하고 나서도 기초적인 단어의 뜻조차 몰라 사회성이나 학습력에 장애가 생기는 경우가 흔합니다. 언어 중추는 만 3세 이전에 대부분 발달하고 논리력, 사고력, 집중력 발달의 기초가 됩니다. 만 2세 때 어휘력이 높은 아이가 만 4세 때 지능 수준도 높게 나왔습니다.

하버드대 연구에 따르면, 아이들의 어휘 능력은 독서보다 식사 중 가족과 나누는 대화가 더 도움이 된다고 합니다. 아이가 습득하는 2000개의 단어 중 독서를 통해 얻는 단어는 140여 개이고, 가족과 식사하면서 얻는 단어는 1000개였습니다. 아이가 글자 공부를 하거나 독서하는 것보다 가족이나 친구들과 즐겁게 놀거나 편안하게 대화하는 과정에서 어휘력을 더 높일 수 있다는 것이지요. 영유아기에는 글자 공부(읽기, 쓰기)보다 어휘력(말하기, 듣기)이 학습에 훨씬 큰 도움이 되고, 어휘력은 독서나 TV 시청보다 일상의 대화나 놀이를 통해 길러집니다.

## 글자 공부(한글 교육)의 적기

옛말에 '자식 농사'라는 말이 있습니다. 자식 교육도 농사처럼 '때'가 중요하다는 뜻입니다. 씨 뿌릴 때, 물 줄 때, 거름 줄 때, 수확할 때가 제각기 다르고, 그때에 맞추는 것이 농사를 잘 짓는 비결입니다. 아이도 마찬가지입니다. 작물마다 씨를 뿌리고 수확하는 시기가 다르듯 아이도 자신만의 리듬과 속도가 있습니다.

그럼 한글이라는 씨는 언제 뿌려야 할까요? 글자는 논리의 세계입니다. 따라서 한글 공부는 논리적 사고가 본격적으로 시작되는 8세 이후에 하는 것이 가장 좋습니다. 아이마다 발달 수준에 차이가 있으므로 한글 공부를 조급하게 하지 않는 것이 무엇보다 중요합니다. 억지로 하지 않아도 때가 되면 빠르고 쉽게 익히게 되니 불필요한 에너지를 낭비하지 말고 아이가 준비될 때까지 기다리세요.

유아교육 전문가들은 글자 모양을 따라 쓰는 글자 수업이나 자모음을 외우고 반복하여 쓰는 형태의 한글 공부, 일명 깍두기 공책 쓰기가 아이에게 매우 해롭다고 이야기합니다. 그런 형태의 한글 공부가 심각한 부작용을 낳기 때문인데, 아이에게 단순한 낱말 쓰기를 계속 강요하면 어느새 글자에 대한 흥미를 잃어버리고 이후에는 어떠한 글자도 쓰려고 하지 않기 때문입니다. 유아기에는 단순암기식 글자 공부를 하지 않도록 하는 것이 오랜 시간 동안 검증되어온 교육적 판단이고 수십 년째 이어져온 정부의 방침입니다.

개정된 초등 1학년 국어 교과서는 ㄱ, ㄴ, ㄷ부터 배우도록 하고 있으며, 초등 1학년의 한글 글자 교육 시수가 27시간에서 68시간으로 늘었습니다. 또한 한글 조기교육을 하지 않았다는 것을 전제로 아이들을 가르치도록 하고 있습니다. 즉, 한글을 천천히 익혀도 충분히 따라갈 수 있게 하는 것이지요.

또한 '한글 교육 책임제'를 통해 학교에서 책임지고 아이들이 한글을 읽고 쓸 수 있도록 지원하고 있습니다. 아이가 자연스레 한글을 터득한다면 격려해주고, 그렇지 않다면 학교에서 쉽고 즐겁게 익힐 수 있으니, 지나친 선행학습은 지양하는 것이 좋습니다. 대신 아이에게 재미있고 다양한 이야기를 들려주거나 책을 읽어주며 이야기와 글자에 친숙해지도록 하세요.

# 영어 교육의
## 적기는  A ⌐ C

## 영어 교육이 밑 빠진 독에 물 붓기가 되지 않으려면

갓난아이가 어느새 걷고 말도 술술 하기 시작하면 부모는 아이의 영어 교육은 어떻게 할지 고민합니다. 흥미롭게도 중·고등학생 학부모보다 유아의 부모가 영어 교육에 대한 갈등과 불안감이 더 크다고 합니다. 영어는 우리나라 사교육에서 압도적 우위를 차지하는 분야입니다. 사교육 시장에서는 영어를 일찍 시작해야 결정적 시기를 놓치지 않는다고 말하기도 합니다.

그럼 왜 아이에게 영어를 가르칠까요? 대학 입시에 유리하니까? 국제 사회에서 자신의 능력을 발휘하라고? 결국 내 아이가 영어라는 언어를 도구로 전 세계의 다양한 사람들과 소통하며 살아가기를 원하기 때문이겠지요.

그런데 인간의 소통 능력에 가장 큰 영향을 끼치는 요소는 '양육자와의 관계'입니다. 갓난아이는 부모와 눈빛과 표정으로 교류하기 시작하여 점차 말이나 말투 같은 언어를 익히게 됩니다. 그렇게 부모와 아이가 눈빛과 표정, 모국어로 일상에서 교류하는 과정을 통하여 소통의 기본 토대가 튼튼하게 자리 잡게 됩니다.

어린 시기에 양육자와 맺는 교감과 소통이 전제되지 않으면, 아이의 영어 교육은 밑 빠진 독에 물 붓기가 될 수 있습니다.

## 먼저 한국어 공부로 언어 근육 튼튼하게

이른 시기에 영어를 시작하면 원어민처럼 유창하게 말을 할 수 있을까요? 이것은 언어가 가진 특성을 모르고 하는 이야기입니다. 교육용 영상을 통하여 접하는 영어는 생활에서 상황에 맞게 이루어지는 실제 배움이 아니므로 영어를 익히기가 어렵습니다. 오히려 영유아기 때부터 하루 몇 시간 동안 영어에 노출된 아이들은 모국어를 완전하게 습득할 기회를 잃을 가능성이 크고, 일반 아이들보다 창의성이나 사회언어 능력 발달이 떨어진다는 연구 결과가 있습니다.

모국어는 문해력과 생각하는 힘의 기초가 됩니다. 모국어가 미숙한 아이는 영어 능력에서도 한계를 가질 수밖에 없습니다. 영유아기는 모국어를 완전하게 습득하기에도 부족한 시간이고, 모국어는 TV나 미디어 시청, 독서보다 가족 간의 식사나 일상 대화, 또래와의 놀이에서 왕성하게 습득됩니다.

유아 대상 영어학원에 다니는 아이들의 스트레스와 문제행동이 일반 유아보다 높게 나왔는데,[2] 특히 좌절감이 두드러지고 불안과 우울감도 높았습니다. 또한 설문 조사에 따르면 소아정신과 전문의의 85퍼센트가 영유아 선행학습이 정신 건강에 해롭다고 하였고, 소아정신건강의학과 전문의의 70퍼센트가 조기 영어 교육이 영유아의 정신 건강에 부정적인 영향을 더 크게 미친다고 답했습니다.[3]

## 발음은 포기 못해

그래도 발음 때문에 영유아기에 영어를 시작해야 한다고 주장하는 부모들도 있습니다. 일찍 영어를 배우면 정말 발음이 좋을까요? 안타깝게도 영어 교육 전문가들은 실제 아이들의 발음은 자국어든 외국어든 대부분 명확하지 않다고 합니다. 유아기에는 한국어 발음도 좋지 않은데 하물며 영어 발음이 얼마나 좋겠느냐는 것입니다.

사교육 시장에서 말하는 것처럼 영어를 유창하게 구사해야 국제화 시대를 대비하는 경쟁력이 생길까요? OECD가 제시한 미래 사회에 필요한 핵심 역량은 영어 능력이 아니라, 스스로 생활하는 능력과 타인과 소통

2 홍민정, 〈영어유치원을 포기하는 용기〉, 시사IN, 2020.12.4 / 김형재, 「조기영어교육 경험에 따른 유아의 한국어 어휘력, 실행기능, 스트레스 및 문제행동의 차이」(경성대학교 대학원 박사학위 논문), 2011 / 김민진, 「조기영어교육 경험이 유아의 사회언어학적 능력 발달에 미치는 영향」, 『유아교육학논집』 16권 5호., 2012 / 김유정, 「우리나라에서 조기영어교육이 한국어 모국어 발화에 미치는 영향」(사이버한국외국어대학교 석사학위 논문), 2014.

3 조해람, 〈소아정신과 전문의 85% "영유아 선행학습, 정신건강에 해롭다"〉, 경향신문, 2020.12.1 / 이슬기, 〈영어유치원 10곳이 생기면 소아정신과 1곳 생긴다?〉, 오마이뉴스, 2017.2.5.

하는 능력입니다. 반기문 전 유엔 사무총장은 발음이 원어민처럼 유창하지 않아도 국제사회에서 소통하며 자신의 역할을 잘 수행했고, 봉준호 감독이 세계 영화인들을 사로잡은 것은 그의 정서와 정체성이었습니다. 영화배우 윤여정이 국제영화제에서 주목받은 이유는 타인을 배려하는 여유와 유머이지 결코 유창한 영어 발음 때문이 아니었습니다.

## 영어를 잘하기 위한 진짜 준비

영유아기는 건강, 자존감, 사회성, 자립심, 배려심, 행복감 등 우리가 일생 동안 지녀야 할 가치를 배우고 키우는 시기입니다. 언어 측면으로는 모국어를 확실하게 구사할 수 있는 능력을 기르는 시간이기도 하고요. 건강한 정서적 토대를 키우는 모국어부터 튼튼하게 다진 후 초등학교 입학 이후에 영어를 공부하는 편이 훨씬 좋습니다. 실제로 영어로 외국인들과 자유롭게 소통하는 사람들을 살펴보면 대부분 초등학교 이후에 영어 공부를 시작한 사람들이 많습니다.

내 아이가 정해진 말만 잘하는 앵무새가 아니라 타인을 진정으로 이해하고 소통할 수 있는 사람으로 성장하기를 바란다면 많은 사람들과 만나고 놀면서 다양한 대화를 나누며 모국어 실력을 단단하게 다지도록 도와주세요.

# 엄마 아빠표 예체능 교육을 시작해보자

## 이야기, 노래, 그림으로 드러나는 동심

어린이날을 만든 방정환 선생님은 아이의 내면적 특성을 '움직이는 것(活動)'이라고 했습니다. 아이들이 끊임없이 움직인다는 것은 '살아 있다'는 것을 의미하지요. 아이는 무엇을 하면서 어떻게 움직일까요? 아이는 쉼 없이 이야기하고, 노래하고, 그림 그리고, 뛰어놀면서 매일매일 자라고 있습니다.

아이는 이미 위대한 예술을 품고 있는 존재입니다. 아이의 세계에서는 어떠한 현실도 예술이 되어 드러나며, 이것이 바로 '동심(童心)'입니다. 세상을 만나고 보고 느낀 것을 노래하고 마음껏 그려내는 시인이자 미술가가 바로 아이입니다. 아이를 가만히 바라보세요. 아이는 누구보다 창의적인 예술가이고, 아이가 하는 모든 행위는 예술 행위라는 것을 발견할 것입니다.

# 애기 땜에 못 살겠어

김홍래(여섯 살)

애기 땜에 못 살겠어. 애기 땜에 못 살겠어. 애기만 이 집에 놔두고 우리 딴 집으로 이사 가자. 이 집에 있는 짐 다 가지고 우리 딴 집으로 이사 가자. 엄마, 응? 애기만 이 집에 놔두고 이사 가자. 그냥 이 빈집에 혼자 살라고 해. 애기가 나를 귀찮게 하잖아. 할퀴고 차고, 할퀴고 차고. 애기 땜에 못 살겠어.

— 『맨날맨날 우리만 자래』(아람유치원 아이들 말/백창우 곡) 중에서

## 학원 문을 두드리기 전에

어느 날 아이가 생각지도 못한 심오한 그림을 그리거나, 그 반대로 아이 그림이 또래 수준에 미치지 못하면 부모는 가장 먼저 미술학원을 떠올립니다. 잘 그리면 잘 그리는 대로 '우리 아이가 재능이 있나? 재능은 어릴 때부터 키워야지' 하는 생각으로, 부족하다고 여겨지면 '학원 가서 좀 배워야 하나? 학원에 다니는 애들은 기본은 하던데……' 하는 생각으로 학원 문을 두드립니다. 음악, 미술과 같은 예술뿐 아니라 줄넘기, 축구 등 운동도 마찬가지입니다.

초등 준비를 위해 학원을 다니면서 자격증을 따거나 체육 수행평가를

미리 준비하는 경우도 많습니다. 그런데 아이가 학원에 다니며 한동안 새로운 배움을 즐기는 듯 보이다가도 어느 날 갑자기 그만두고 싶다거나 언제까지 다녀야 하느냐고 물을 수도 있습니다. 학원의 특성상 아이 개개인의 욕구를 충족하는 데 한계가 있고, 혹은 신체적·인지적·정서적 측면에서 아이에게 과부하가 걸렸다는 신호일 가능성이 있습니다. 이때 부모는 아이가 보내는 신호를 빠르게 감지하여 대처해야 합니다.

## 엄마 아빠표 음악

예술을 만나고 경험해볼 기회는 꼭 학원이 아니라도 가능합니다. 하지만 많은 부모들은 기술이나 기능을 기초부터 제대로 알아야 한다는 생각에 사교육 시장으로 아이를 내몰고 있지요. 예체능 교육을 시작하기 전에 '왜' 아이가 음악, 미술, 체육과 같은 경험을 했으면 하는지에 대해 먼저 생각해보시기 바랍니다. 그리고 그 방향에 맞는 예술 경험을 생활 속에서 자연스럽게 시작할 수 있도록 아이와 함께 찾아보면 어떨까요?

먼저 음악에 대해 살펴보겠습니다. 음악을 통한 예술 경험을 아이와 나누고 싶다면, 집에서 아이와 함께 다양한 음악을 듣고 큰 소리로 노래를 부르고 몸이 가는 대로 춤을 추어보세요. 이때 주의할 점은 어린아이는 기계음과 라이브 소리의 차이를 온몸으로 느끼므로, 휴대폰이나 오디오에서 나오는 기계 소리보다는 살아 있는 소리를 들려주세요. 리듬이나 박자가 조금 틀리더라도 부모가 직접 노래를 불러주거나 아이와 함께 큰 소리로 노래를 불러보는 것이지요. 주방용품을 꺼내어 마구 두드려보는 것도 좋습니다. 부모가 음악에 대해 잘 알지 못해도 음악 환경을 얼마든지 제공할 수 있습니다.

이처럼 일상생활에서 자연스럽게 음악을 접한 아이는 스트레스를 건강하게 해소하는 방법으로 혹은 삶을 아름답고 윤택하게 하는 방편으로 음악을 선택하게 됩니다. 음악을 좀 더 깊이 있게 경험해주고자 한다면 연주회, 음악회, 국악 공연, 길거리 콘서트 등에 데려가 다양한 소리와 악기를 접하게 해주세요. 아이들은 긴 시간 동안 공연에 집중하기 힘들 수 있으므로 실내 공연보다 야외 공연을 먼저 접하게 하는 것도 좋습니다. 지역사회에서 무료로 제공하는 공연들도 많으므로 지역예술센터, 시청이나 구청, 육아센터 등에서 공연 정보를 찾아보고 내 아이의 상황에 맞게 참여해보세요.

## 엄마 아빠표 미술, 체육

아이에게 미술을 통한 아름다움을 느끼게 해주고 싶다면 자연이 주는 아름다움부터 먼저 알아가기를 권합니다. 아이와 함께 산책하면서 계절의 변화가 주는 본연의 색을 마음 깊이 느껴보세요. 나뭇가지에서 새로이 돋아나는 작고 어린 연둣빛 잎사귀, 여름날의 짙은 초록빛 나뭇잎, 빨갛고 노랗게 물들어가는 아름다운 가을 잎, 차분한 안정감을 주는 겨울철 갈색의 나뭇가지, 맑고 청량한 푸른 하늘 등 자연은 세상에서 가장 아름다운 미술작품입니다.

눈으로 아름다운 미술을 감상하는 것도 좋지만, 아이들은 몸으로 미술을 즐기기를 좋아합니다. 나뭇가지로 바닥에 그림을 그리거나 주워온 나뭇잎 또는 꽃잎으로 자연 물감을 만들어볼 수도 있습니다. 집에서 요리하다 남은 과일과 채소가 미술 재료가 되고, 물감을 뿌리고 벽에 마음껏 그려보는 욕실이 미술 놀이터가 될 수도 있지요.

아이에게 미술을 통한 예술 경험은 결과보다는 과정에서 즐거움을 느끼도록 하고, 세상을 아름답게 인식하고 자유롭게 마음껏 표현하도록 하는 것이 중요합니다. 그리고 잘 그리는 기술만을 키우는 미술이 아닌, 자신만의 감성을 풍부하게 펼칠 수 있는 미술이 되어야 합니다.

체육에 대한 접근도 마찬가지입니다. 몸과 마음이 건강한 아이로 키우고 싶다면 온 가족이 함께 움직이면 됩니다. 집 안에서는 부모와 아이가 짝을 지어 스트레칭과 요가를 할 수 있습니다. 넓은 운동장에 나가 함께 달리고 공을 차고 줄넘기를 하면서 땀 흘리고, 산책과 가벼운 등산을 통해 몸을 조절하고 마음을 다독이는 시간을 갖는 것도 좋습니다.

아이의 몸짓은 곧 아이의 언어입니다. 부모와 몸을 부딪치며 함께 나누는 경험을 통해 아이가 몸으로 세상을 마음껏 표현할 수 있도록 해주세요.

## 본질에 다가설 때

자신의 감정과 느낌을 예술로 표현하고, 아름다움을 접하고자 하는 궁극적인 이유는 무엇일까요?

아마도 이제 갓 제 몸을 가누며 작은 눈으로 세상을 담아내던 아기가 자라서 처음으로 저녁 마실을 나설 때 그 깜깜하면서도 차갑고 낯선 세상을 온몸으로 마주한 표정과 눈빛을 본 사람이라면 알 수 있을 것입니다. 우리의 삶은 본디 경이롭고 아름다우며 예술적인 요소와 경험이 우리 주변, 그리고 일상에 있다는 것을! 예술과 아름다움은 우리와 동떨어진 특별한 공연장이나 전시장이 아니라, 우리 안에 우리 바로 옆에 있고, 우리의 삶 자체가 아름다움 그 자체임을! 다만, 그 아름다움을 보고 느낄 수 있는 눈과 마음을 기르면 된다는 것을!

# 아이의 눈높이에서
## 어린이집, 유치원
## 선택하기

## 맹모삼천지교를 넘어서

아이의 교육을 위해 이사를 세 번이나 간 맹자의 어머니처럼, 요즘 부모들 역시 집을 고를 때 유아교육기관이 얼마나 가까이 있는지, 아이 교육을 위해 괜찮은 곳인지를 꼼꼼하게 따져보곤 합니다. 그렇다면 좋은 어린이집, 좋은 유치원의 기준은 무엇일까요? 규모가 크고 개원한 지 얼마 안 된 깨끗한 곳일까요? 특별활동 프로그램이 다양하게 마련된 곳일까요? 유행하는 비싼 교구가 있는 곳일까요?

유치원이나 어린이집을 선택하기 전에 '내 아이가 어떻게 지내면 좋을까'를 먼저 생각해야 합니다. 아이의 쿵쾅대던 첫 심장 소리를 들었던 그 순간을 떠올려볼까요? 이렇게 소중한 내 아이가 '건강하고 신나게 하루를 보낼 수 있는 곳'이 바로 부모가 선택해야 할 유아교육기관입니다. 즉,

부모의 만족이 아니라, 내 아이가 느끼는 행복이 먼저여야 한다는 이야기입니다.

## 건강하고 신나게 놀 수 있는 곳

건강한 아이는 잘 먹고, 잘 자고, 잘 노는 아이입니다. 기관은 이런 아이의 특성을 잘 살려줄 수 있는 곳이어야 합니다.

아이의 건강을 고민하는 많은 유아교육기관에서는 건강한 식재료와 조리법으로 만든 급간식을 제공합니다. 음식의 재료는 친환경 유기농 식자재를 사용하는지, 간식은 과자나 빵 종류보다 제철 과일이나 옥수수, 고구마, 감자 등 채소를 이용하는지 살펴볼 필요가 있습니다.

아이들이 충분히 놀 수 있게 하루를 계획하고 공간을 고민하는 곳인지도 중요합니다. 부모의 요구에 맞추어 구비한 값비싼 교구나 프로그램, 행사들로 채워진 기관이 아닌 아이들이 온몸으로 즐기며 하루하루를 만들어가는 곳이어야 합니다.

산책이나 바깥 놀이는 매일 나가는지, 나간다면 한 시간 이상 나가는지 살펴볼 필요가 있습니다. 비가 와도 비옷을 입고 산책을 나가서 비를 즐길 수 있는 곳이라면 더욱 좋겠지요. 아마 대부분의 기관들이 연령별로 반이 구분되어 있을 텐데요, 자유놀이 시간이나 산책 시간에 다른 연령과 어울려 놀 수 있다면 다양한 배움이 일어나고 더 재미나게 놀 수 있을 것입니다.

부모가 아닌 아이의 눈높이에서 유아교육기관을 선택해야 합니다. 교사가 지시하는 대로 고분고분 잘 따르는 아이를 기르는 기관보다는 아이가 잘 놀 수 있도록 교사가 지원해주는 기관이어야 합니다. 아이들의 눈빛이 살아 있고 활발하게 놀며 움직이는 어린이집, 유치원에서 아이들은 행복으로 충만한 하루를 살아가고, 건강하고 신명나게 아이다운 아이로 자랄 수 있습니다.

## 유아교육기관 알아보기

유아교육기관을 고를 때 교사 대 아동 비율, 교육 과정, 회계 사용 내역 등의 공개 자료는 '임신육아종합포털 아이사랑' 홈페이지(http://www.childcare.go.kr/)에서 확인할 수 있습니다.

하지만 인터넷 검색을 통해 얻은 정보만으로는 그 기관에 대해 제대로 알 수 없습니다. 집 근처 기관들을 찾아가서 아이들이 놀이하고 생활하는 모습을 보고, 원장님이나 선생님과 상담하며 그곳의 분위기를 직접 느껴보는 것이 큰 도움이 됩니다.

# 그곳이 알고 싶다!

유치원이나 어린이집을 선택하기 위해 이웃, 지인, 맘카페, 인터넷 검색 등을 통해 정보를 수집합니다. 이런 정보들은 어디까지 신뢰할 수 있을까요? 혹시 이런 광고 본 적 있나요?

## 원아 모집

소중한 내 아이의 첫 발걸음~
유치원/어린이집에서 시작하세요!
차별화된 교육환경으로 부모님들의 고민을 해결해드립니다.

1. 대규모 바깥 놀이 시설을 갖추고 있습니다.
2. 각 교실마다 최신 멀티교육기기가 설치되어 있습니다.
3. 유명한 학습교구와 다양한 놀잇감이 구비되어 있습니다.
4. 놀이를 통한 '학습'으로 아이를 키웁니다.
5. 매일 업로드되는 포토알림장을 통해
아이의 생활을 한눈에 볼 수 있습니다.

위의 광고에서 어떤 점이 문제인지 하나씩 살펴볼까요?

1. 크고 좋은 시설이 교육의 질을 보장할 수 있을까요? 바깥 놀이터에 넓고 화려한 놀이기구들이 갖추어져 있지만 밖에서 뛰어노는 아이들을 보기 힘들고 실제로는 대부분의 시간을 실내에서 보낸다면 어떨까요? 알록달록한 놀이기구보다 모래 놀이터나 흙산이 있는 곳이 낫고, 물리적 시설보다 실제로 아이들이 얼마나 즐겁고 자유롭게 노는지를 확인하는 것이 더 중요합니다.

2. 영유아기에는 모니터를 통한 미디어 교육보다는 선생님과 아이, 아이와 아이의 살아 있는 대화가 더 의미 있고 중요합니다. 오히려 교실 안의 디지털 기기로 인해 아이를 미디어에 노출시키는 부작용을 낳을 수 있습니다. 실제로 애플, 구글, 인텔 등 최첨단 디지털 기술 업체가 포진해 있는 미국 실리콘밸리의 상당수 유치원과 저학년에서는 오히려 미디어(컴퓨터, 모니터, 게임기, TV 등) 교육을 완전히 배제하고 있습니다. 디지털 미디어에 종사하는 가정일수록 자녀를 기술로부터 떼어놓으려 애쓴다는 점은 매우 흥미롭습니다.

3. 고가의 유명한 학습교구와 다양한 놀잇감이 있으면 더 많이 배울 수 있을까요? 값비싼 교구일수록 아이들은 자연스러운 배움보다 정해진 놀이 방식으로, 조심성을 강조한 학습으로 이어질 수 있습니다. 또한 너무 많은 놀잇감은 오히려 아이의 집중력과 창의성을 떨어뜨릴 수 있습니다.

4. 놀이를 가장한 학습으로 아이들의 놀이 본능을 차단하고 있지는 않을까요? 놀이 중심 교육을 강조하면서도 글자 놀이, 영어 놀이, 수학 놀이 등 부모들이 좋아할 만한 학습을 좇느라 바쁜 곳일 수도 있습니다. 부모에게 보여주기식 놀이가 아닌 아이들의 자발적 놀이를 적극 지지하는 기관인지를 반드시 확인하세요. 학습지도 많이 하고 놀이도 많이 할 수 있는 기관은 없습니다.

5. 포토알림장은 부모에게는 좋지만 아이를 위한 것은 아닐 수 있습니다. 포토알림장을 매일 가정에 보내기 위해서 아이들의 사진을 찍고 고르고 수첩을 적느라, 교사가 아이를 관찰하고 상호작용하며 놀이와 배움을 지원할 시간이 없습니다. 그래서 의례적으로 매일 올리는 사진, 보여주기식 행사가 많은 곳보다는 부모들이 매일매일 자연스럽게 기관을 드나드는 곳, 예를 들어 등하원 시 부모가 교실 안까지 들어갈 수 있고, 일과 중에도 부모가 수시로 자원봉사로 참여할 수 있도록 문이 활짝 열려 있는 기관을 선택하는 것이 좋습니다.

# 우리 아이
# 첫 학교,
# 걱정 마세요

## 아이마다 적응 시기가 다르다

어린이집이나 유치원을 처음 보내게 되면 세상 해맑은 내 아이가 과연 새로운 환경에 잘 적응할 수 있을지 걱정이 앞섭니다. 그런데 아이는 제각각의 결에 따라 자신의 생명력을 펼쳐낼 수 있는 능력을 지닌 존재입니다. 천방지축 떼쟁이라도, 조금 천천히 나아가는 아이라도, 너무 소심하여 밖에만 나가면 목소리 한번 들을 수 없는 아이라 하더라도 말이지요.

부모 눈에는 답답해 보일지라도 아이는 자기만의 속도로, 자기만의 결대로 살아갑니다. 그래서 아이마다 적응 시기는 다를 수 있습니다. 아침마다 어린이집이나 유치원에 가기 싫다고 떼를 쓰거나, 잘 다니다가도 하루아침에 가기 싫다고 변덕을 부릴 수도 있습니다.

그렇다 하더라도 내 아이의 능력과 힘을 믿어주세요. "잘했네", "착하네", "잘 갔다 오면 장난감 사줄게" 등 의례적인 칭찬과 보상이 아닌 영혼을 불어넣은 따스한 눈빛과 격려를 쏟아주고 온기를 전하며 꼬옥 안아주세요. 어릴 때부터 부모의 사랑을 듬뿍 받은 아이는 평생 그 사랑으로 행복하게 살아갈 수 있습니다.

## 최고의 파트너 되기

누구와? 바로 내 아이를 맡고 계신 선생님과! 부모와 교사는 아이를 키우는 데 있어 정말 중요한 동반자이자 귀한 공동체입니다. 사실 아이가 다니는 기관의 성격이나 가족의 생활방식에 따라 양육방식이 다를 수 있지만, 어쩌면 부모보다 아이와 더 오래 시간을 보내고, 아이의 더 다양한 모습을 보고, 더 많은 이야기와 더 많은 횟수의 끼니를 함께하는 사람이 바로 우리 아이의 선생님입니다. 제2의 부모 역할을 하는 선생님과의 적극적인 소통과 교감은 부모들에게 큰 위안이자 내 아이를 더 잘 알 수 있는 힘이 됩니다.

유아교육기관에서 일하는 선생님은 모두 유아교육 전문가입니다. 내 아이의 발달 상황을 보다 자세히, 그리고 객관적으로 봅니다. 아이의 발달이나 생활에 대해 궁금한 점이 있거나 고민이 있을 때는 주저 말고 선생님에게 도움을 청하세요. 또한 아이에게 부모는 사회생활의 기준과 표본이 되므로 부모가 선생님을 대하는 태도를 보고, 아이도 우리 선생님의 존재감을 가늠합니다. 부모와 교사가 서로 존중해야 내 아이의 마음속에서 공손한 태도와 배려가 자랄 수 있다는 점을 기억하세요.

바야흐로 아이만 낳으면 나라가 다 키워준다고 천명하는 시대가 도래했습니다. 출산 장려를 위해 내건 슬로건이라지만, 사실 다소 걱정되는 말이기도 합니다. 자칫 내 아이가 다니는 유아교육기관이 부모 대신 아이를 맡아 알아서 다 키워주는 '서비스' 기관 혹은 양질의 교육 서비스를 일방적으로 소비하는 곳으로 전락할 수도 있기 때문이지요.

과연 좋은 유아교육기관에 보냈다고 하여 부모로서 해야 할 일을 다한 걸까요? 아무리 훌륭한 유아교육기관이라 할지라도 부모의 역할까지 대신할 수는 없습니다. 내 아이가 생활하는 기본 바탕은 가정, 부모에게서 나오니까요. 이때 유아교육기관에서 제시하는 유용한 육아지침과 교육방법을 활용한다면 더욱 내실 있는 육아로 이어질 수 있습니다.

나아가 부모의 협력과 활발한 소통 없이는 유아교육기관 역시 제 역할을 다 할 수 없습니다. 부모는 기관의 중요한 일원이니까요. 내 아이를 좋은 기관에 보내기 위해서는 부모 역시 좋은 기관을 만드는 데 일조해야 합니다. 그 방법은 거창하지 않습니다. 우리 아이가 다니는 기관의 다양한 소식과 행사에 관심을 갖고 참여하세요. 만약 기회가 된다면 재능기부를 통한 자원봉사나 부모 참여도 좋습니다. 그렇게 열린 마음이면 됩니다. 이렇게 서로가 손을 내밀고 나란히 길을 걸어갈 때, 우리 아이가 더욱 신명나는 교육의 장에서 마음껏 헤엄칠 수 있습니다.

# 아이의 첫 사회생활을 응원하는 그림책

### 『행복한 엄마 새』

엄마 새가 생명을 잉태하는 순간부터 아기 새와 함께 보내는 빛나는 찰나를 열두 마디의 문장과 상징적인 그림으로 담아냈습니다. 마침내 아기 새는 힘찬 날갯짓을 하며 세상 속으로 날아갑니다. 엄마 새는 아기 새가 날아갈 준비를 하고, 때로는 휘청이며 땅에 곤두박질치는 모습, 그리고 힘차게 날아올라 여유롭게 세상 속에 발을 내딛는 순간까지 온 마음으로 격려하며 바라봅니다. 마치 우리가 그러해야 하듯.

### 『유치원에 처음 가는 날』

누구에게나 첫날은 떨리고 긴장되게 마련입니다. 유치원에 처음 가는 날 아이도, 엄마도 어떠한 마음으로 유치원으로 향하는지 아주 섬세하게 표현한 그림책입니다.

엄마와 헤어지는 순간 주인공뿐 아니라, 그림책 속 모든 아이가 눈물을 흘리는 장면이 참으로 현실적이기도 하고, "네가 눈물 흘리면 엄마는 네가 흘린 눈물 웅덩이에 빠진단다"라는 표현이 절절하게 다가옵니다.

그리고 엄마와 아이의 심리 변화에 따라 그림책의 배경과 그림 곳곳에 색채 표현이 달라지는데, 누구나 시작은 두렵지만 시간이 지나면서 차근차근 적응해갈 수 있음을 자연스럽게 나타내고 있습니다.

# 초등 준비에
## 진짜
### 필요한 것은

## 막연해서 더 어려운 초등 준비

그저 물가에 내놓은 아기 같았던 유아기를 지나 드디어 초등학교 입학을 앞둔 자녀의 부모라면 인터넷 검색창에 '초등 준비' 혹은 '예비 초등'이라는 네 글자를 두드려본 경험이 있을 것입니다. 이렇게 접하게 된 정보에서 과목별 학습법부터 엄마표 영어, 초등 연산, 독서와 논술 입문, 각종 예체능 교육, 그리고 성공적인 친구 관계를 위한 리더십까지 챙겨야 한다는 사실을 알게 됩니다. 말 그대로 쓰나미급 정보의 홍수에 내몰린 부모는 '이걸 언제 다 준비해서 가?'라는 마음의 숙제를 안게 되고, 자신도 모르게 아이를 재촉하게 됩니다.

그런데 생각해봅시다. 억지로 책상에 앉아 글자나 연산 공부와 씨름하거나 여러 학원을 전전하며 저녁이 되어서야 가족과 마주하는 아이가 지금 이 순간 행복할까요? 막연한 불안감으로 아이를 압박하기보다는 편안한 마음으로 초등학교 생활에 대한 기대와 준비를 할 수 있도록 부모가 도와주어야 합니다.

## 공부보다 생활습관이 먼저

부모들은 초등학교 입학을 앞두고 내 아이가 학교에 가서 국어, 수학, 영어 등 교과 성적에서 뒤처지지 않을까 하는 걱정을 먼저 합니다. 하지만 선행학습으로 학습 능력을 갖추었다 하더라도 정작 아침에 일찍 일어나 세수하고 양치하는 습관이 안 갖추어졌거나 화장실에서 용변 처리를 못 하는 등 기본 생활습관이 형성되어 있지 않다면 초등학교 생활에 잘 적응할 수 있을까요? 학교는 엄마, 아빠가 당장 달려가 도와줄 수 있는 곳이 아니므로 아이 스스로 살아가는 힘을 갖추게 해야 합니다.

자생력(自生力)
[명사] 스스로 살길을 찾아 살아나가는 능력이나 힘.

기본 생활습관을 잘 갖춘 아이는 새로운 환경에 안정적으로 적응하는 자신감과 여유를 가질 수 있습니다. 기본 생활습관이란 일찍 자고 일찍 일어나기, 화장실 사용 방법 익히기, 수저를 바르게 사용하여 식사하고 모든 반찬 먹어보기, 스스로 정리정돈하고 자기 물건 챙기기, 질서와 규칙 지키기, 자기 의견을 말로 표현하고 다른 사람 말에 귀 기울이기 등을 말합니다. 이것이 갖추어져 있지 않으면 아무리 인지적으로 뛰어난 아이라고 하더라도 학교생활에 어려움이 생길 수밖에 없습니다.

이와 달리 자생력이 바탕이 된 아이는 탐구력과 호기심이 자연스럽게 팽창하는 시기에 새로운 배움을 받아들일 여유와 힘을 가지고 있습니다. 이렇게 일상에서 다져진 다양한 자양분은 분명 초등학교 진학 후 안정적인 생활과 즐거운 배움의 토대가 될 것입니다.

그리고 영유아기는 초등 준비 시기라는 생각보다는 '진짜 놀이'를 통해 아이다움을 마음껏 누리는 시기라는 것을 알아야 합니다. 놀이 속에서 몰입, 의욕, 인내, 협동심 등을 자연스레 터득한 아이의 내공은 초등학교에 가서도 새로운 생활에 적응하는 힘으로 빛을 발할 수 있을 것입니다.

## 그래도 불안하다면? 아이와 함께 준비해보세요

### 『초등 입학 전 엄마와 아이가 꼭 알아야 할 60가지』

초등학교 1학년 교직 경험이 풍부한 현직 교사가 쓴 초등 준비서입니다. 엄마와 아이가 초등 입학 전에 가져야 할 마음가짐부터 신체 발달, 생활습관, 언어 발달 등을 담고 있는데요. '내 일은 스스로 하겠다고 다짐하기', '시력, 청력, 치아 상태 점검하기', '등하굣길 자세히 살펴보기', '존댓말하기' 등 당연한 듯하면서도 놓칠 수 있는 정보가 가득합니다.

내용이 아이와 함께 실천하기에 결코 어렵지 않아, 초등학교 입학 전 아이와 함께 차근차근 준비하면 분명 자신감을 갖고 학교생활을 할 수 있을 것입니다.

### 『이은경 쌤과 함께하는 초등학교 입학준비』

유튜브 채널 '슬기로운 초등생활'의 운영자이자 초등 교육 베스트셀러 저자가 알려주는 초등 1학년 학교생활 가이드북입니다.

초등학교 1학년 예비 학부모라면 모두 궁금해하는 학교생활과 가정생활, 부모가 길러야 할 습관과 아이의 공부습관에 관한 내용을 다양하게 담고 있습니다.

특히 초등학교에서 받아볼 실제 문서 및 교육 과정 연간 운영 일정표도 실려 있어 우리 아이의 초등 1학년 학교생활을 미리 가늠해볼 수도 있습니다.

# 2장

# 먹거리

바른 먹거리로 대접받는 아이

아이가 먹는 것이 곧 아이가 됩니다.
사랑과 정성으로 대접받은 아이는
더욱 단단하게 자랄 수 있습니다.

# 아이와 먹거리

## 아이가 먹는 음식이 곧 아이

먹는다는 것은 무엇일까요? 먹거리는 육아에서 가장 많은 시간과 정성을 쏟는 중요한 부분이지만, 늘 고민거리이고 어려운 일이기도 합니다. 어릴 적 아이가 먹는 음식은 그 자체로 아이가 됩니다. 세 살 버릇 여든까지 간다는 말은 먹는 일에도 해당합니다. 어릴 때 먹었던 음식은 나이가 들어서 결국 다시 찾는 음식이 되지요. 즉, 먹고 살았던 몸의 기억은 평생을 함께합니다.

아이가 성장 후 어렵고 힘든 상황에 마주했을 때 찾게 되는 음식이 있습니다. 바로 어린 시절 먹었던, 부모의 사랑이 담긴 음식입니다. 이때 음식은 마음의 허기를 달래주는 안식처이자 치유의 공간이며 살아갈 힘입니다. 아이에게 음식과 식사는 몸과 마음의 성장을 위한 가장 기본 요소입니다. 아이의 몸과 마음이 건강하기 위해서는 바른 먹거리가 필요하고,

바른 먹거리를 위해서는 부모의 바른 음식 철학이 필요합니다.

## 전통 음식의 지혜

늘 따뜻하게 품어주고, 모든 것을 내어주는 할머니, 할아버지의 넉넉함은 유연하면서도 끈기와 참을성이 있는 우리 조상들의 모습입니다. 그들 삶의 모습은 그들의 먹거리와 많이 닮아 있습니다. 따스한 햇살과 선선한 바람과 시원한 비를 머금은 흙 위에 씨를 뿌리고 정성으로 일구어낸 생명을 귀하게 여기는 식(食)문화 말입니다.

우리 문화가 고스란히 담긴 전통 음식에는 발효 식품이 많습니다. 가장 대표적인 발효 음식이 된장인데, 주원료인 콩은 그 자체만으로도 풍부한 영양소를 가지고 있지만, 발효했을 때 영양이 더 풍부해지고 영양소의 흡수도 더 잘됩니다. 또한 된장은 항암 식품으로도 알려져 있습니다.

된장에 들어 있는 레시틴은 유해 물질을 분해하여 아이의 기억력과 집중력을 높여주고, 풍부한 섬유소로 노폐물을 배출시켜주며, 유해균의 번식을 억제하고 간 기능 회복을 도와주어 면역력 강화에도 탁월한 효능을 가지고 있습니다. 특히 청국장은 콩보다 훨씬 흡수율이 높아 소화가 쉽고 혈액순환을 원활하게 하므로 전통 음식 중에서 영양학적으로 우수한 최고의 음식이라고 할 수 있습니다.

김치도 마찬가지입니다. 외국의 많은 연구에서 김치의 효능이 밝혀졌고 맛 또한 좋아서 전 세계에서 각광받는 음식 중 하나입니다. 김치는 다른 나물이나 채소를 먹는 발판 역할을 할 수 있어, 육식 위주의 식습관 개선에도 도움이 됩니다. 그렇기에 어릴 때부터 바른 식습관을 들이는 것이 중요합니다.

## 제철 음식의 건강함

모든 일에는 '때'가 있습니다. 음식도 마찬가지입니다. 음식의 원재료는 저마다 가장 빛나는 순간, 즉 제때가 되어야 가장 신선하고 맛이 좋으며 영양분도 최상의 상태에 이르게 됩니다. 그것이 바로 제철 음식입니다.

『동의보감』에서는 사람이 건강하게 살기 위해서는 사계절의 변화에 순응하면서 그 섭리대로 생활해야 함을 강조하고 있습니다. 제철 음식은 그 계절에 부족한 영양을 보충해주거나, 춥거나 더운 온도 변화로 인한 몸의 부조화를 조절해주는 등 인간이 계절의 변화에 쉽게 적응하도록 도와줍니다. 본래 식물은 성장하면서 자연환경에 의한 스트레스에 대응하기 위해 여러 가지 물질을 만들어내는데, 그것이 사람의 몸에도 이로운 것이지요. 그래서 자연의 변화에 따라 나는 제철 음식은 자연 그대로의 음식이고 사람에게 최고의 음식입니다. 이렇게 제철 음식을 먹으며 자라는 아이는 자연과 함께 건강하게 성장할 수 있습니다.

아이에게 제철 음식의 참맛을 보여주세요. 사시사철 시도 때도 없이 나오는 수입 농산물이나 1년 365일 간편하게 만들어 먹는 밀키트, 혹은 냉동 식품은 제철 음식과는 거리가 멉니다. 각종 첨가제나 인공 향신료가 들어간 바깥 음식은 아이의 혀를 둔감하게 만들고, 우리 가족의 건강까지도 위협할 수 있습니다. 민감하고 섬세한 아이의 입맛에 제철 음식을 먹게 함으로써 제대로 된 본래의 맛을 느끼도록 해야 합니다. 혹시 제철 음식이 무엇인지 잘 모르겠다면, 시장에서 가장 많이 나오는 것을 눈여겨보면 됩니다. 제철 음식으로 밥상을 차리는 것만으로도 환경과 생명을 생각하는 건강한 밥상이 됩니다.

# 아이와 함께 즐기는 제철 음식

**봄**

도다리쑥국, 바지락칼국수
멍게비빔밥, 주꾸미볶음
냉이된장국, 달래전

**여름**

열무된장국, 장어구이
우뭇가사리 콩국, 부추채소전
매실장아찌, 다슬기수제비

**가을**

꽃게탕, 전복죽, 대하찜
더덕구이, 버섯전골
토란들깨탕

**겨울**

매생이굴국, 석화구이
꼬막찜, 홍합탕
배추전, 늙은호박죽

# 아이의
# 몸과 마음이
# 자라는 밥상

## 밥상에서 일어나는 기적

한 가정의 분위기를 알려면 그 집의 밥상을 보라고 합니다. 아이의 잘못된 식습관을 고칠 수 있는 해답도 밥상에 있습니다. 우리 집 밥상은 어떤 모습인가요? 편식하는 아이 때문에 고민인가요? 준비하는 사람, 먹는 사람, 치우는 사람이 따로 있어 힘들지는 않나요? 밥상 전쟁은 도대체 언제 끝나는 건가요? 아이가 우리 집 밥상을 통해 건강하게 자라고 많이 웃고 사랑을 느낄 수 있다면 얼마나 좋을까요?

기적은 밥상에서 이루어집니다. 아이의 몸과 마음이 성장하는 밥상머리의 기적은 이미 많은 연구에서도 입증되었습니다. 하버드대 연구팀에 따르면 아이들은 책을 읽을 때보다 가족과의 식사를 통해 무려 10배가까운 어휘를 배우고, 컬럼비아대의 카사(CASA)는 주 5회 이상 가족과 식사를 한 아이는 그렇지 않은 아이에 비해 흡연 및 음주 경험률이 약 30~40퍼센트 낮다는 연구 결과를 발표하며 아이들에게 밥상은 가족 간의 유대감, 심리적 안정감으로 이어질 수 있다고 보았습니다. 그뿐만 아니라 미국 미네소타대 공중보건학교는 가족들과의 식사 횟수가 많을수록 건강한 식습관을 형성할 수 있다고 했습니다. 즉, 아이는 밥상의 먹거리를 통해 신체 발달이 시작되고, 밥상의 문화를 통해 정신이 시작되는 것입니다.

우리의 문화에서도 밥상은 그저 생존이 아닌 세상을 사는 지혜를 배우는 공간이었습니다. 하지만 바쁜 세상살이가 핑계가 되고 미디어가 밥상을 침범하면서 밥상이 갖는 의미는 무색해지고 있습니다.

## 아이의 편식을 없애려면

부모는 밥상 앞에서 고민이 많아집니다. 아이가 먹지 않아서 또는 많이 먹어서, 가려 먹어서 걱정입니다. 만약 아이의 편식이 걱정이라면 지금 당장 방법을 찾아야 합니다. 편식은 아이의 성장 발달과 직결되는 문제이니까요.

그런데 이 또한 기억해야 합니다. 아이의 입맛은 수시로 변하고, 변하는 과정 중에 있으며, 입맛에 대한 기호와 의사는 자랄수록 더욱 강하게 표현합니다. 그렇다면 어떻게 편식하는 아이를 도와주어야 할까요?

가장 기본적인 방법은 어릴 때부터 자연스럽게 음식에 노출시키는 것입니다. 유럽 임상영양 학회지에서는 아이가 편식하는 음식을 최소 여덟

번 이상 노출시키라고 말합니다. 아이들은 생소한 음식을 거부하는 경향이 있습니다. 그러므로 어릴 때부터 다양한 음식을 접하고 먹어보도록 하는 것이 편식을 예방하는 좋은 방법입니다. 오이, 당근, 콩나물, 깻잎, 상추, 셀러리, 토마토, 각종 과일 등 다양한 음식의 원재료를 만지고 맛보고 냄새 맡고 탐색하는 경험을 하면 아이의 오감이 자극됩니다.

결국 음식 노출은 새로운 음식에 대한 거부감을 없애주고, 음식의 원재료 그대로의 맛을 느낄 수 있게 도와줍니다. 아이가 이미 자랐는데도 편식이 심하다고요? 그렇다면 밥상을 준비하는 과정에 아이를 초대해보세요.

## 아이와 함께 밥상을 차려보자

아이들은 자신이 주인공이 되었을 때 가장 신이 납니다. 아이와 함께 차리는 밥상, 아이와 함께 만드는 요리는 아이의 편식을 줄여주고 가족의 사랑을 키워나가는 최고의 방법입니다. 이때 '너는 위험하니까'라는 말은 아이의 호기심과 적극성, 자발성을 떨어뜨릴 수 있습니다.

나물을 무칠 때 참기름을 넣거나 깨를 뿌리는 일, 음식의 간을 보는 일, 유자청을 담글 때 유자 껍질을 벗기고 써는 일, 직접 채소를 키우고 수확해서 다듬고 씻는 일, 달걀을 깨고 저어보는 일 등 요리 과정에서 아이가 할 수 있는 일은 생각보다 많습니다. 하지만 이런 일들은 일회성 이벤트가 되어서는 안 됩니다.

아이에게 위험해 보이는 주방 도구들도 부모와 같이 시도해보면 아이에게 큰 자극이 될 수 있으며, 안전하게 사용하는 방법을 배우면서 오히려 자신을 보호하는 능력을 기를 수 있습니다.

실제로 생태유아교육기관에서는 5세부터 진짜 과도를 사용하여 요리활동을 합니다. 아이는 시시한 플라스틱 빵칼보다는 진짜 칼로, 장난감 요리가 아닌 진짜 요리를 해보고 싶어 합니다. 그래도 불안하다면 유아용 안전과도를 사용해보세요.

아이가 메인 요리사가 되는 상황에서는 부모가 적극적으로 보조 역할을 하면서 칭찬과 격려로 과정을 함께 즐기면 됩니다. 예기치 않은 상황에 웃음도 많아지고 밥상에서 아이와 나누는 이야깃거리도 더 풍부해지게 될 것입니다.

## 함께하는 밥상에서 아이는 자란다

온 가족이 '함께 준비'하고 '함께 먹고' '함께 정리'하는 밥상에는 기적이 일어납니다. 이때 가족 구성원들의 역할이 따로 정해져 있지 않다는 마음을 갖는 것이 무엇보다 중요합니다. 아이도 충분히 해낼 수 있습니다. 아이와 함께 요리하고, 누가 먼저랄 것 없이 밥상을 닦고 수저를 놓고, 각자 먹은 빈 그릇을 설거지통에 넣는 등 밥상을 차리고 치우는 일이 온 가족의 일상이 될 때, 그 밥상에는 사랑이 담깁니다.

가족들이 함께 준비하고 같이 정리하는 밥상 문화는 한두 번 이야기하여 쉽게 되는 일이 아닙니다. 아이가 습관이 될 때까지 부모가 꾸준히 격려하고 도와주어야 합니다. 서로의 손길이 넘나들며 함께 만들어가는 밥상! 유쾌하고 다양한 이야기가 있는 밥상! 그런 밥상에서 아이는 먹는 일이 더욱 즐거워지고, 가족 간의 관계도 더 돈독해질 것입니다.

# 아침은 필수,
# 간식은
# 간식답게

## 아침밥 먹는 아이

아이를 위한 음식에는 당연한 것들이 있습니다. 그중 가장 기본은 아이가 하루 세끼를 꼬박꼬박 제대로 챙겨 먹도록 하는 것입니다. '아침은 공복이지, 간헐적 단식으로 건강을 챙겨야지'라는 말은 어른에게 해당하는 것이지요. 특히 아이에게 아침 식사는 아주 중요합니다. '어린이집에 가면 오전 간식 주니까', '눈뜨자마자 나가야 하니 시간이 없으니까'라는 말은 부모의 입장일 뿐입니다.

아침 식사는 활동과 학습을 가장 활발하게 하는 오전 시간 동안 아이의 뇌가 제대로 작동할 수 있도록 해줍니다. 즉, 아침 식사는 공장이 가동될 수 있도록 하는 연료인 셈이지요. 아침밥을 먹은 아이는 몸이 제대로 기능할 수 있어 쉽게 피곤해하지 않으며, 학습 능력, 기억력, 집중력을 높일 수 있다는 연구 결과도 있습니다. 그뿐만 아니라 아침밥은 변비, 심장질환, 당뇨, 위장병 등의 예방에도 효과가 있습니다.

그렇다면 아이의 아침 식사로 어떤 것이 좋을까요? 영양이 고루 갖추어지고, 충분히 씹는 저작 운동을 통해 뇌를 활성화시킬 수 있는 것이 좋습니다. 예를 들어 속이 편한 죽을 끓였다면 과일이나 견과류를 곁들여주고, 꼭꼭 씹어 먹기 좋은 떡국을 준비했다면 그 속에 채소와 두부, 달걀 등으로 부족한 영양을 보충해주면 됩니다. 든든한 한 그릇 밥으로 미역국밥, 소고기콩나물밥, 새우김치볶음밥 등도 있고요. 한입에 먹기 좋은 멸치견과주먹밥, 달걀말이밥, 닭가슴살 유부초밥 등도 있습니다. 콩을 삶아두었다가 견과류와 함께 갈아서 만든 두유와 과일, 찐 감자나 단호박과 함께 채소 샐러드를 내어주는 것도 아침으로 좋은 메뉴입니다.

아침 먹는 것을 힘들어하는 아이라면 더 일찍 자고 일찍 일어나는 생활습관으로 바꾸어주세요. 아침을 일찍 시작하여 몸을 움직이면 쾌변과 함께 배고픔은 자연스럽게 찾아옵니다. 아이마다 가정환경이나 다니는 유아교육기관의 일과 시간이 다를 수 있겠지만, 아이의 하루 세끼는 당연한 권리이며, 그중 아침 식사는 무엇보다 중요합니다. 아이의 아침밥은 선택이 아니라 필수입니다.

## 아이의 간식은 제대로

주식 못지않게 아이의 간식을 챙기는 일도 만만치 않습니다. 간식은 주식에서 부족한 영양을 보충하기도 하고, 세끼 식사 중간에 아이의 활동과 마음의 휴식을 도와주기도 하지요.

간식을 준비할 때 첫 번째로 생각해야 할 것은 간식은 간식다워야 한다는 것입니다. 주식을 방해할 정도로 간식 양이 많아서는 안 되고, 식사 시간 직전에 간식을 먹는 것도 피해야 합니다. 주식과 간식 간에 주객이 전도되는 일은 없어야겠지요.

아이의 간식은 가능한 자극적이지 않은 자연 간식으로 준비해주세요. 자연 간식은 가공하지 않은 자연 그대로의 것이며, 제철에 많이 나는 음식입니다. 계절마다 우리 땅에서 생산된 과일은 물론, 봄에는 쑥버무리, 진달래 화전, 삶은 완두콩, 여름에는 감자, 옥수수, 단호박, 가을에는 수수부꾸미, 삶은 땅콩, 밤, 겨울에는 견과류 쌀강정, 고구마, 늙은호박전 등이 있습니다. 주식을 도와 아이의 성장을 이롭게 하고, 자연을 살리고 아이도 살릴 수 있는 간식이면 좋겠지요.

## 식단을 계획하는 지혜를 발휘해보자

아이의 성장에 필요한 음식으로 하루 세끼 밥상을 차리기가 쉬운 일은 아닙니다. 그렇다면 주 단위 또는 한 달 단위로 미리 식단을 계획하는 방법이 있습니다. 한 번의 수고스러움으로 보다 다양하고 균형 잡힌 밥상을 준비할 수 있고, 덕분에 아이의 건강도 챙길 수 있습니다. 식단을 짜면 일주일 단위로 장을 보기 때문에 시간이 절약되고, 경제적인 측면에서도 이점이 많습니다.

식단 짜기가 처음이라 고민스럽다면 아이가 다니는 어린이집이나 유치원에서 제공하는 식단이나 육아를 지원하는 단체들의 식단을 참고해보세요. 식생활 전문가가 식품안전 및 영양관리의 기준을 준수하여, 아이의 연령에 알맞은 균형 있는 식단을 제공하고 있어 신뢰할 만합니다. 특히 가정에서 제한적인 식재료나 조리법을 넘어서는 다양한 음식을 경험할 수 있습니다. 같은 음식이라도 만드는 사람에 따라 내 아이의 상황에 맞게 조절하면서 또 다른 음식으로 재탄생될 수 있습니다.

부모의 이러한 노력은 아이에게 여러 영양소들의 조화로운 상호작용을 통해 무한한 음식의 세계에 보다 큰 호기심을 갖게 할 것입니다.

# 쌀은 진짜 완전식품

## 우유와 달걀, 괜찮을까?

아이 밥상에서 가장 많이 등장하는 메뉴로 우유와 달걀을 빼놓을 수 없습니다. 아마도 성장에 필요한 영양소가 많은 완전식품이라고 생각하기 때문이겠지요? 하지만 우유와 달걀은 대표적인 알레르기 식품으로 알려져 있고, 생산 과정의 문제점도 자주 거론되고 있습니다.

모유가 건강하려면 엄마의 먹거리나 건강 상태가 중요하듯, 우유와 달걀 역시 소와 닭의 생활환경과 건강에 따라 질이 달라집니다. 만약 젖소가 몸을 움직일 수 없는 비좁은 축사에서 생활하며 영양이 부족하고 첨가물 범벅인 사료를 주식으로 한다면, 과연 그 우유가 안전하다고 할 수 있을까요? 또한 소들이 집단사육으로 인한 스트레스로 면역력이 떨어져 각종 질병에 걸리는 것을 줄이기 위해 방부제, 항생제, 신경안정제를 수시로 투여하고, 빨리 성장시켜 더 많은 우유를 생산하기 위해 성장촉진제까지 사용하는 것이 우리 아이가 먹는 우유일 수 있습니다.

닭 또한 몸을 움직일 수 없는 비좁은 공간에서 24시간 환하게 켜진 조명 아래 밤낮을 구분하지 못한 채 알을 낳고, 유전자가 조작된 대두나 옥수수를 넣은 사료를 먹습니다. 노른자 색깔을 진하게 만들기 위해 난황 착색제를 사용하고, 성장촉진제, 항생제, 방부제, 항균제, 살충제, 신경안정제, 산란 촉진제 등을 투여하기도 합니다.

이런 사실들이 불편하게 느껴진다면 보다 쾌적한 환경에서 스트레스 받지 않고 좋은 먹거리를 먹고 자란 소와 닭이 만드는 무항생제 우유, 동물복지 유정란 등을 찾아보는 노력이 필요합니다.

## 완전식품은 바로 이것!

쌀은 아이가 세상에 태어나 모유 다음으로 먹는 최초의 음식입니다. 미국 상원 영양문제위원회에서는 탄수화물이면서 비타민과 미네랄이 풍부한 음식을 좋은 음식으로 꼽았는데, 그것이 바로 곡류입니다. 오랜 시간을 우리 땅에서 함께해온 쌀을 포함한 곡류는 인간에게 가장 친근하고 부담 없는 완전식품이라고 할 수 있습니다.

곡류에는 뼈 건강에 좋은 칼슘, 철, 인, 칼륨, 나트륨, 마그네슘 등 미네랄은 물론 섬유질까지 풍부하게 들어 있습니다. 혹시 도정 과정에서 씨눈과 겉껍질까지 제거한 백미의 영양이 걱정된다면 5분도미, 7분도미, 섬유질이 풍부한 현미도 있으니 아이의 소화 상태를 보고 우리 가족에게 적당한 쌀을 선택하면 됩니다. 만약 현미밥을 짓고 싶은데 아이가 아직 완전한 씹기가 안 되어 소화가 어렵다면 밥을 할 때 현미 가루를 넣어 짓는 방법도 있습니다.

아이가 매끼 먹는 밥을 지겨워한다면 알록달록 예쁜 색깔의 밥을 해주는 것도 좋습니다. 소화가 잘되는 하얀 찹쌀밥, 독소 제거에 좋은 연둣빛 녹두밥, 뼈를 튼튼하게 하는 붉은빛 수수밥, 장 청소를 도와주는 검붉은빛 팥밥, 장 운동에 좋은 노랑 고구마밥, 원기 회복과 빈혈 예방, 피부 질환, 이뇨작용에 좋은 노랑초록 차조밥 등이 있습니다.

이렇듯 우리에게 가장 가까이 있는 곡류는 아이의 몸을 지탱해주는 각종 영양소가 듬뿍 담긴 완전식품이라고 할 수 있습니다.

# 꼭꼭
# 씹을수록
# 똑똑하다

## 부드러워도 너무 부드러워

아이 밥상은 주로 아이가 잘 먹는 음식으로 채워집니다. 그런데 그러다 보면 햄, 소시지 같은 가공 식품이 주가 되곤 합니다. 가공 식품은 영양 측면에서 좋지 않고 첨가물이 많아 건강에 해롭다는 사실은 대부분 알고 있습니다.

하지만 또 다른 문제가 있습니다. 가공 식품은 아이가 굳이 씹지 않아도 되는 부드러운 음식이 많습니다. 즉, 먹기 편하도록 잘게 자르거나 아예 갈아서 나오는 경우가 많은데요. 이런 음식에 익숙해진 아이는 잘 씹지 않으려 하고 계속해서 부드러운 음식만 찾게 되는 문제가 생길 수 있습니다.

## 씹기가 중요한 이유

음식을 꼭꼭 씹어 먹는 것만으로도 아이의 건강에 큰 도움이 됩니다. 씹고 깨물어 먹는 저작 운동은 우리 몸을 본격적으로 가동시키는 중요한 활동으로, 아침밥을 꼭꼭 씹어 먹으면 밤새 잠들었던 뇌를 깨우고 활기찬 하루를 시작할 수 있습니다. 음식물을 씹으면 뭔가를 먹고 있다는 것을 뇌가 알아차리게 되고, 뇌와 몸은 음식을 받아들일 준비를 합니다.

저작 운동의 이점을 하나씩 알아볼까요?

첫째, 음식을 씹으면 잇몸 혈액순환이 원활해지고 치아와 턱뼈 발달에 도움이 됩니다. 특히 저작 활동이 적으면 아래턱이 가늘게 변하고 부정교합, 무턱, 안면 비대칭이 발생할 수 있습니다.

둘째, 음식을 씹으면 뇌 혈류가 증가하고 뇌가 활성화됩니다. 뇌가 활성화되면 반사신경, 기억력, 판단력, 집중력 등이 향상되고 두뇌 발달에 도움이 됩니다.

셋째, 음식물이 잘 분해되지 않으면 복부 팽만감, 변비, 설사 등 소화기계 문제를 유발할 수 있습니다. 이 같은 소화기 문제는 영양 흡수의 방해로 이어져 성장기 발육까지 방해하게 됩니다.

넷째, 음식물이 소화되지 않은 상태로 장에 도착하면 알레르기를 유발할 수 있습니다. 음식을 충분히 씹어 침과 잘 섞어 소화하면 알레르기를 예방하는 데 도움이 됩니다.

다섯째, 씹는 행위는 부교감신경을 자극해 활성화시킵니다. 이것은 백혈구의 일종인 림프구가 증가해 면역력을 높일 수 있습니다.

## 씹는 습관을 기르려면

씹기는 생명 유지를 위한 기본 활동이자 건강한 삶의 필수조건입니다. 아이의 저작 운동을 습관화하기 위해서는 밥상의 메뉴뿐 아니라 간식 역시 견과류, 멸치, 콩 등 꼭꼭 씹어 먹을 수 있는 것들이 좋습니다.

아이가 평소 음식을 먹을 때 몇 번 씹는지도 확인해보세요. 아이들은 음식을 씹지 않고 입안에 머금고 있거나 한두 번 정도 씹고 넘기는 경우가 많습니다. 식사할 때 아이가 씹는 횟수를 살펴보고, 씹는 횟수를 조금씩 늘려보세요. 일반적으로 성인은 양쪽 치아를 고루 사용하여 20번 정도 씹기를 권장하는데, 아이들은 10번 정도면 충분합니다. 먼저 부모가 아이 앞에서 천천히 씹어 먹는 모습을 보여주고, 때로는 아이와 함께 씹기 놀이를 하면서 씹는 즐거움을 느끼도록 해주세요.

# 저염식,
# 제대로
# 알고 먹기

## 저염식, 필요한 사람 vs. 위험한 사람

건강에 대한 관심이 커지고 있는 요즘, 질병 치료만이 아니라 건강이나 다이어트를 위해서 저염식을 하는 사람들이 늘고 있습니다. 그렇다면 저염식이 무조건 건강에 좋을까요?

최근에는 미국 의사협회지나 의과대학 등에서 저염식에 대한 의문을 제기하고 있으며, 저염식을 강하게 권고해서는 안 된다는 연구 결과도 나오고 있습니다. 나트륨은 몸에서 중요한 역할을 하는 필수 성분으로 저염식이 필요한 사람이 있고 그렇지 않은 사람도 있습니다. 그리고 나트륨을 '얼마나 먹느냐'보다 '어떤 소금을 먹느냐'가 중요합니다. 즉, 무조건 저염식을 하기보다는 몸 상태에 따라 소금의 종류를 제대로 알고 선택하는 지혜가 필요한 것이지요.

일반적으로 저염식이 필요한 경우는 고혈압, 비만, 골다공증이 있는 사람이고, 심장병이나 저혈압, 빈혈이 있는 사람은 저염식이 오히려 위험합니다. 염분이 부족하면 소화액 분비가 원활하지 않아 식욕이 줄어들고, 전신 무력이나 정신 불안, 어지러움, 두통이 생기기도 합니다.

## 아이에게도 저염식이 좋을까?

일반적으로 아이가 먹을 음식은 간을 심심하게 하지만, 아이의 상태에 따라 짠맛이 필요할 수도 있으니 무조건 싱겁게 먹이기보다는 내 아이의 상태를 잘 살펴볼 필요가 있습니다. 태아가 사는 집인 양수도 염도가 낮으면 양수가 탁해지면서 지적장애인이나 미숙아가 되거나 자연유산으로 이어지기도 합니다. 바다가 3퍼센트의 소금으로 썩지 않고 유지되듯, 인간 몸속 소금은 생명을 유지하는 필수 요소입니다.

땀을 많이 흘리는 여름에는 몸에 염분이 부족해지기 쉽습니다. 더구나 아이들은 활동량이 많고 땀을 많이 흘리므로 적당한 염분이 반드시 필요합니다. 특히 아이가 기운 없어 보일 때는 염분이 부족한 것은 아닌지 살펴볼 필요가 있습니다. 염분이 부족하면 단맛을 찾는 경향이 강해지니, 아이가 달달한 음식을 지나치게 좋아한다면 염분 부족이 아닌지 살펴보세요. 좋은 소금을 적당량 주면 단맛을 덜 찾게 됩니다.

몸에 소금이 부족하면 체액과 혈액이 산성으로 기울고, 몸이 산성화되면 면역력이 떨어집니다. 소금에 절인 음식이 쉽게 부패하지 않듯, 소금은 염증을 제거하고 부패를 막고 독소를 빼며 몸속에서 혈액세포를 만드는 역할을 합니다.

몸에 염증 등의 질환이 있는 아이는 짠 음식을 더 찾는 경향이 있는데, 아토피가 있는 아이도 짠맛을 더 선호합니다. 이러한 경우는 몸이 스스로 정화 작용을 하기 위해 원하는 것이므로 좋은 소금을 적당히 주는 것이 좋습니다.

## 좋은 소금과 나쁜 소금

소금은 섭취량 못지않게 어떤 소금을 먹느냐도 중요합니다. 소금에는 크게 천일염과 가공 소금이 있고, 가공 소금은 가공 방법에 따라 꽃소금, 정제염, 구운 소금, 맛소금, 죽염 등으로 나눕니다. 이 중에 어떤 소금이 좋은 소금이고 어떤 소금이 나쁜 소금일까요?

소금에는 염소, 구리, 마그네슘, 칼륨, 비소, 납, 아연, 마그네슘 등 80여 종의 성분이 포함되어 있습니다. 이 중 중금속이나 불순물은 빼고 미네랄 성분은 유지하고 있는 소금이 좋은 소금입니다. 소금에 들어 있는 미네랄은 염분의 해악을 중화시키고, 몸속에서 조화와 균형을 잡아주는 역할을 합니다. 예를 들어 소금에 들어 있는 칼륨과 같은 미네랄은 소금의 위험 요소로 알려진 나트륨을 배출하는 역할을 하지요.

천일염을 고온에서 볶거나 구우면 해로운 성분이 빠져나가고 좋은 소금이 됩니다. 그래서 구운 소금, 볶은 소금, 죽염 등은 좋은 소금이라고 할 수 있습니다(단, 잘못 제조된 구운 소금이나 죽염에서 환경 호르몬이 검출된 사례가 있으니, 검사 과정을 제대로 거친 소금인지 살펴보아야 합니다).

나쁜 소금은 독성을 가진 소금을 말하지만, 더욱 주의 깊게 살펴보아야 할 소금은 약성과 독성을 모두 없애고 오직 짠맛(NaCl)만 남긴 '정제염'입니다. 정제염은 미네랄 성분은 없고 짠맛으로만 구성되어 있습니다. 그래서 원하는 음식 맛을 내기 좋고, 가격도 쌉니다. 그런 이유로 가공 식품이나 일반 음식점에서는 대부분 정제염을 사용합니다.

따라서 정제염을 사용하는 바깥 음식은 되도록 피하고, 먹게 되더라도 짠맛이 강한 식당이나 가공 식품은 멀리하는 것이 좋습니다. 가정에서는 아이의 건강 상태와 입맛을 잘 살펴보고, 구운 소금이나 죽염을 이용하여 적당히 짜게 먹도록 해주세요.

# 고기 없인 못 살아

## 육식의 시대

'어떻게 하면 아이에게 채소를 더 많이 먹일 수 있을까?'

요즘 부모들이 많이 하는 고민 중 하나입니다. 한국인의 비타민과 미네랄 섭취량은 세계보건기구 권고량의 절반도 되지 않습니다. 2015년 이후 변화가 더욱 뚜렷해졌는데, 동물성 단백질과 탄수화물 섭취는 늘어나는 반면 채소·과일에 많은 비타민, 미네랄, 식이섬유의 섭취는 급격하게 감소하는 추세입니다. 육식 위주의 식습관으로 인해 세포가 쉽게 손상되고 혈액이 탁해지면서 면역력이 떨어져 각종 질병에 걸릴 위험 또한 커지고 있지요. 아이가 먹는 음식은 몸의 건강뿐만 아니라 정서나 학습력과도 관련이 있으니 더욱 신경 써야 합니다.

미국 상원에서는 아이들의 두뇌 활동이나 심리 상태를 혼란하게 하는 원인으로 식습관에 주목하며, 잘못된 식습관이 아이를 산만하고 난폭하게 만든다고 발표했습니다. 가공 식품을 먹은 쥐들이 공격 성향을 뚜렷하게 보였다는 실험, 비행청소년들의 공통된 식습관으로 인스턴트 식품, 가공 식품, 탄산음료를 자주 섭취한다는 연구 결과는 눈여겨볼 만합니다.

열악한 사육 환경에서 대량으로 키우고 무참하게 죽여 상품화하는 공장식 축산 과정을 거론하지 않더라도, 가공 식품과 육식 위주의 식사가 아이의 두뇌 발달과 성격 형성에 부정적인 영향을 미친다는 사실에 관심을 기울일 필요가 있습니다.

## 아이가 좋아하는 위험한 음식

아이들이 좋아하지만 피해야 하는 음식으로 햄, 미트볼, 떡갈비, 햄버거 등을 들 수 있습니다. 이러한 육류 가공 식품은 분쇄육으로 만드는데, 어느 부위인지 명확하지 않은 찌꺼기 고기로 만드는 경우가 많습니다. 또한 유통기한을 늘리고 맛과 향을 내기 위해 다량의 첨가물이 들어갑니다.

만약 고기를 먹는다면 무항생제에 자연 방목으로 키운 육류를 구입하여 수육이나 찜 등 건강한 조리법으로 직접 요리하는 것이 좋습니다. 한편 치킨이나 고기를 먹을 때 빠지지 않는 탄산음료 또한 조심해야 합니다. 몸속의 철분이나 칼슘 같은 유익한 미네랄을 몸 밖으로 빠져나가게 하기 때문이지요. 게다가 탄산음료에는 설탕이 많이 들어 있어(콜라 한 캔에 각설탕 9개 분량의 당 함유) 성장을 둔화시키고 치아를 부식시키며 중독성이 높아 특히 영유아에게 해롭습니다.

## 고기를 꼭 먹어야 할까?

음식에 대한 큰 오해 중 하나는 '고기를 먹어야 키가 크고 힘도 세어지며 머리도 좋아진다'라는 것입니다. 정말 고기를 먹어야 잘 크고 힘도 세어질까요? 소는 풀만 먹고도 힘이 세고, 채식하는 코끼리는 덩치가 크고 순하면서 영리한 동물입니다. 아인슈타인, 간디, 톨스토이, 슈바이처, 레오나르도 다빈치 같은 노벨상 수상자, 평화주의자, 예술가뿐 아니라 철인 5종, 권투, 육상 세계 챔피언 등 스포츠인도 채식인이 많습니다.

실제로 견과류나 참기름 등 식물성 지방은 동물성 지방보다 소화가 잘 되고 효율성이 높아 적은 양으로 양질의 지방을 얻을 수 있습니다. 또한 비만이 늘어나고 있는 현대 사회는 지방, 단백질, 탄수화물 같은 필수 영양군이 부족하지 않을까 하는 걱정보다는 과도한 섭취를 경계해야 하고, 고기에 부족한 비타민, 미네랄, 식이섬유와 같은 미량 영양소가 결핍되지 않도록 하는 것이 더 중요합니다.

# 채소도
잘 먹는
아이

## 매일 꼭 먹어야 하는 채소와 과일

채소와 과일의 성분은 대부분이 물입니다. 수분은 사람 몸의 70퍼센트를 차지하는 필수 요소이므로 채소와 과일은 수분 보충에 큰 도움이 되지요. 하지만 일반적인 물과는 다릅니다. 채소와 과일의 수분에는 현대인에게 부족한 비타민과 미네랄이 풍부하게 들어 있습니다. 미네랄은 면역력을 길러주고, 몸의 균형을 잡아주는 중요한 역할을 합니다. 또한 성장기 아이에게 중요한 뼈와 치아의 구성 성분이며, 시력에 영향을 줍니다. 게다가 단백질과 칼슘은 동물성 식품으로 섭취해야 한다고 알고 있지만, 실제로 채소와 과일에도 질 좋은 단백질과 칼슘이 들어 있습니다.

과일은 아이들 대부분이 좋아하지만, 채소는 과일에 비해 인기가 없습니다. 그렇다면 몸에 좋은 채소를 아이가 잘 먹게 할 방법은 없을까요?

먼저, 아이보다는 부모 자신이 채소를 얼마나 먹고 있는지를 점검해보아야 합니다. 아이는 부모의 거울이기에 부모가 좋은 식습관의 모범을 보여주는 것이 중요합니다.

다음으로, 어릴 때부터 채소 각각의 맛을 느끼고 즐길 수 있도록 단독으로 먹이는 것이 좋습니다. 단, 아이에게 이미 채소에 대한 거부감이 생겼다면 좋아하는 재료와 섞어주거나 김밥, 비빔밥, 볶음밥 등 아이의 식성에 따라 다양하게 시도해보세요.

마지막으로, 아이와 함께 방울토마토, 오이, 상추 등 채소를 직접 심고 물을 주면서 자라는 모습을 보고, 수확하여 같이 요리할 수도 있습니다. 채소를 직접 기르기 힘들다면 같이 장을 보면서 아이가 직접 채소를 고르도록 하는 방법도 있습니다. 이렇게 자주 접하다 보면 채소에 대한 거부감이 조금씩 줄어들 거예요.

아이가 배가 고프거나 운동 후에 채소를 주는 방법도 있습니다. 등산을 한 이후나 한참 뛰어놀아 목이 마를 때 오이 같은 물이 많은 채소를 먹게 해보세요. 배가 고플 때도 마찬가지입니다. 아이는 평소에 잘 먹지 않던 채소도 거부감 없이 먹을 것입니다.

## 건강한 땅에서 자란 제철 과일을 주자

아이가 가까이해야 할 먹거리는 생산에서 소비까지 인위적인 조작을 거치지 않고 자연의 원리에 충실한 음식입니다. 이렇게 자연이 길러낸 과일은 겉보기엔 다소 투박해 보일지도 모릅니다. 제철 과일이라고 하더라도 매끈하고 큼지막한 과일의 겉모양을 위해 혹은 당도를 높이기 위해 약을 사용한 과일은 가려내야 합니다. 우리 아이를 위해서는 건강한 땅에서 기른 유기농 제철 과일을 선택하는 부모의 현명함이 필요합니다.

과일은 식이섬유와 무기질, 비타민, 미네랄 등이 풍부하고 맛 또한 좋아 쌉싸름한 채소를 거부하는 아이도 곧잘 먹습니다. 그래서 부모들은 먹음직스럽고 신선해 보이는 수입 과일에 저절로 손이 갑니다.

수입 농산물이 좋지 않다는 것은 알고 있지만, 유기농 수입 과일은 괜찮지 않을까 하는 생각을 하기도 합니다. 수입 과일은 '유기농'이라는 타이틀이 붙어 있더라도 장거리 이동을 위해 수확한 작물에 농약을 뿌리는 '포스트 하비스트'를 거치기에 결국 완전한 유기 농산물은 없다고 볼 수 있습니다. 게다가 나라마다 잔류농약 허용 기준이 다르고, 종류 또한 살균제, 살충제, 제초제 등 매우 다양합니다. 무엇보다 아이는 성인과 비교하면 체중량 대비 체면적이 넓으므로 유해 물질에 더욱 취약할 수밖에 없다는 사실을 기억하세요.

간혹 아이에게 특정 과일이나 채소 알레르기가 있을 수도 있는데, 면역력이 좋아지면 자연스럽게 사라질 수 있으니 무조건 피하기보다는 아이의 상태를 찬찬히 살피며 조심스레 시도해보세요.

# 일주일에 하루는 채식의 날로!

소, 돼지, 닭을 키우는 축산업에서 발생하는 온실가스 배출량이 전 세계 비행기나 자동차에서 나오는 온실가스보다 더 많다고 합니다. 그리고 지구의 허파로 불리는 아마존 열대우림에서 발생하는 화재는 대부분 가축과 사료를 키우기 위한 땅을 확보하기 위해서입니다.

공장식 축산은 수질과 토양 오염의 주요 원인 중 하나입니다. 지구를 살리기 위한 행동 중 하나가 육류 소비를 줄이고 채식 위주의 식단을 선택하는 것입니다. 어린아이일지라도 지구 생태계와 기후 위기에 영향을 미치는 육식 문화의 문제점에 대하여 설명해주면 어느 정도 수긍하고 이해합니다. 완벽한 채식주의는 아니더라도, 그리고 매일은 아니어도 아이들이 살아갈 이 지구를 생각하며 일주일에 하루 혹은 한 끼라도 채식의 날을 가져보는 것은 어떨까요?

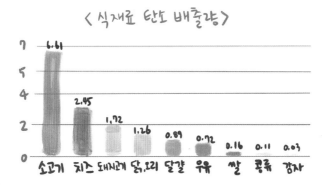

출처 : 이현주(고기 없는 월요일 한국 대표), 《스포츠경향》, 2019.09.22.
[건강세끼] 고기 안 먹으면 이런 놀라운 변화가?…소고기 대신 소나무를

# 친환경 농축산물 인증 표시 알아보기

## 농산물

유기농 농산물

3년간 합성농약과 화학비료를 모두 사용하지 않은 땅에서 재배한 농산물.

무농약 농산물

농약은 사용하지 않고 화학비료는 권장량의 3분의 1 이내로 사용한 농산물.

유기가공 식품

3년 이상 농약과 화학비료를 쓰지 않고 재배한 유기농 인증 농산물을 95퍼센트 이상 원료로 가공한 제품. 예를 들어 유기농 콩으로 제조한 두부, 된장 등.

## 축산물

유기 축산물

유기사료를 먹이고 인증 기준을 지켜 생산한 축산물.

무항생제 축산물

무항생제 사료를 주고 성장촉진제, 호르몬제를 사용하지 않고 사육한 축산물.

# 수입 밀보다는
# '착한 우리 밀'을

## 수입 밀, 정제 밀의 문제점

날이 갈수록 먹거리가 서구화되고 있고, 밀가루 음식의 비중도 높아지고 있습니다. 그중에서 빵은 밥을 대체하는 먹거리 혹은 아이의 간식으로 주목을 받습니다. 빵은 간편해서 삼시세끼를 챙겨야 하는 부모의 육아 스트레스를 덜어줍니다. 더구나 '밥 먹기 싫어~' 하고 투정 부리는 아이의 눈과 코를 자극하며 입안에서 사르르 녹는 달콤함까지 더하니 사랑을 받을 수밖에 없겠지요. 어디 빵뿐이겠습니까? 후루룩 면치기의 짜릿함을 가진 면 요리들도 우리의 주식으로 자리 잡고 있습니다. 그렇다면 이 음식들의 주원료인 '밀'에 대해 관심을 가져볼 필요가 있습니다.

우리나라에서 사용하는 밀의 95퍼센트 이상이 수입된다는 사실을 알고 계신가요? 밀은 수입 의존율이 가장 높은 음식 재료 중 하나입니다.

아무리 유기농 밀이라도 수입을 하면 식탁까지 오르는 데 많은 시간이 걸리므로 약품 처리를 피할 수 없습니다. 장거리 저장을 위해 사용되는 살충제는 벌레가 생기거나 잘 썩지 않게 하여 유통기한은 늘어나지만, 우리 몸에 그대로 들어왔을 경우 어떤 영향을 주게 될까요? 그리고 나라마다 수출과 수입의 과정에서 농약 검출의 허용 기준치가 달라 자칫 그 피해를 고스란히 우리가 받게 될 수도 있습니다.

이러한 위험에도 불구하고 수입 밀은 가격이 저렴하여 과자, 햄버거, 피자, 빵, 라면, 만두 등 대부분의 가공 식품에서 사용되고 있습니다. 게다가 시판 밀가루는 대부분 통밀이 아닌 영양이 절반으로 줄어든 정제된 밀가루입니다. 아이가 먹는 수많은 밀가루 식품은 수입 밀가루의 잔류 독성을 그대로 유지한 채, 예쁘고 맛있는 완제품을 위해 각종 첨가물까지 더해지게 되지요. 밀가루로 만든 음식이 맛있다고 해서 그냥 간과해서는 안 되는 이유가 바로 여기에 있습니다.

## '착한 밀'을 찾아주세요

『동의보감』에 따르면, 밀은 면역 기능을 강화하고 노화 억제, 심장병 및 성인병 예방, 혈당 조절, 콜레스테롤 수치를 낮출 뿐만 아니라 단백질과 폴리페놀, 식이섬유가 풍부하여 대장 질환 예방에도 좋다고 합니다. 특히 통밀은 칼슘, 철, 비타민의 함량이 높아 영양 면에서도 우수합니다. 하지만 이러한 밀의 좋은 점은 '착한 밀'에만 해당하는 말이겠지요. 따라서 우리는 건강한 밀에 대해서도 알고 있어야 합니다.

우리 밀은 겨울에 재배하여 병충해가 적으므로 농약을 사용하지 않습니다. 외국에서 들어오지 않아 이동 시간이 짧아 신선하고, 장거리 이동을 위한 약품 처리를 하지 않아 안전합니다. 또한 우리 땅에서 자라서 우리 체질에도 맞겠지요. 게다가 밀은 다른 작물보다 공기 정화 기능이 뛰어나 지구가 숨 쉬는 데 도움이 됩니다.

반면에 우리 밀은 아직 생산량이 적어 수입 밀에 비해 비싸고, 대중화되지 않아 구입하기 번거롭습니다. 그럼에도 아이에게 안전하고 건강한 우리 밀을 먹이려 노력한다면 충분히 그럴 만한 가치가 있을 것입니다.

# 달다구리의 비밀

## 달달한 유혹

달달한 과자나 사탕을 맛본 아이는 금세 그 맛에 빠져듭니다. 부모들이 '우리 아이가 단것을 너무 좋아해서 걱정이에요'라고 말하면서도 아이와의 갈등에서 협상 조건으로 단 음식을 내걸게 되는 것도 바로 이 때문이지요. 심지어 부모도 육아에 지친 몸과 마음을 달달한 것으로 보상받으려 합니다. 이렇게 너나없이 단맛을 좋아하는 이유는 무엇일까요?

초기 인류의 삶에서 생존 본능을 위해 절실한 것은 힘이었으며, 힘은 칼로리 곧 단맛이었습니다. 이러한 과정에서 인간은 단맛을 탐닉하는 쪽으로 발달했다고 볼 수 있습니다. EBS 〈아이의 밥상〉 제작팀의 실험에서는 태아가 엄마가 먹은 단 음식에 활발하게 반응하는 모습을 보임으로써 세상의 모든 아이들이 단맛을 선호한다는 것을 보여주었습니다. 달콤한 성분이 몸으로 들어가면 뇌에 그 신호를 전달하고, 뇌에서는 신경을 안정시키는 세로토닌을 분비해서 기분을 좋아지게 합니다.

이처럼 반사적으로 일어나는 일이기에, 단 음식을 먹으면 기분이 좋아지는 것은 본능에 가깝습니다. 물론 단맛에 대한 열광이 선호를 넘어 고착화로 이어지는 것은 주의해야 합니다. 특히 아이가 유난히 단것을 좋아한다면 주의 깊게 살펴볼 필요가 있습니다. 욕구불만이나 심한 스트레스를 단것으로 해소할 수도 있기 때문입니다.

단맛을 많이 경험하게 될수록 스트레스를 단맛으로 해소하려고 하고 달달한 유혹에 더욱 쉽게 빠져듭니다. 게다가 부모가 단맛을 좋아하는 식습관을 가지고 있다면 자연스럽게 아이까지 단맛에 길들여지게 되고, 결국 단맛의 대물림이 이어질 수밖에 없습니다.

## 가장 위험한 단맛은

달콤한 유혹은 우리 아이를 위험에 빠뜨릴 수 있습니다. 먼저, 단 음식은 아이에게 충치, 아토피, 당뇨, 과잉행동, 배앓이, 두통, 비만 등 신체적 질병을 일으킬 수 있습니다. 아이들이 좋아하는 대표적인 단 음식인 사탕, 과자, 요구르트 등을 보면 단맛을 포함한 각종 첨가물이 다량 들어 있어 배 속 유해 세균 비율을 높여 면역력도 약해지고 잔병치레도 많아지게 됩니다.

신체적 질병보다 더 심각한 것은 정신적인 측면입니다. 단맛은 뇌에까지 영향을 미쳐 '중독'을 불러올 수 있습니다. 단맛을 느낀 혀는 갈수록 더 새롭고 자극적인 단맛을 찾을 수밖에 없습니다. 단맛이 주는 순간적인 행복이 편안함이 되고, 이 편안함을 지속시키고자 하는 권태감을 불러일으켜 결국 면역력 과잉으로 인한 과민함으로 이어지게 됩니다. 즉, 단맛은 성장기 아이의 몸과 마음의 균형을 무너뜨릴 수 있다는 의미입니다.

정제당은 가장 위험한 단맛입니다. 정제당이란 조당(粗糖)을 정제하여 아주 희게 만든 설탕입니다. 천연 그대로가 아니라 인위적으로 가지고 있는 성분을 없애고 필요한 기능만을 하도록 만든 것이지요. 그 과정에서 원료가 가지고 있는 자연적인 영양 성분인 미네랄, 비타민, 섬유질 같은 영양소가 파괴될 수 있습니다. 무설탕이라고 적혀 있으니 괜찮다고요? 오히려 더욱 주의가 필요합니다. 설탕만 없을 뿐이지 설탕보다 더욱 강한 단맛이 넘쳐납니다. 가공 식품은 물론 집밥에서도 단맛은 조심해야 합니다. 음식을 달게 하는 데 사용하는 조미료인 설탕, 물엿, 올리고당, 액상 과당, 사카린, 시클라메이트, 수크랄로스, 아스파탐 등이 바로 위험한 정제당이기 때문이지요.

설탕은 국민 다소비 식품에서 가장 많은 양을 차지하고 있습니다. 설탕이 문제가 되는 것은 '이온 교환 수지법'이라는 정제 방법으로, 이 과정에서 스티롤, 다이비닐벤졸, 과산화벤졸, 폴리비닐알코올, 벤조나이트 등의 공업용 원료가 사용됩니다. 백설탕 대신 사용하는 흑설탕도 제조 과정에서 캐러멜 색소가 첨가되어 더 위험할 수 있어요. 아스파탐은 아이들이 자주 먹는 비타민C 캔디나 가루, 추잉검, 제로 콜라, 무설탕 청량음료, 요구르트 등에 사용되는데, 설탕의 200배가 넘는 단맛을 느끼게 합니다.

아스파탐을 과잉 섭취하면 기억력 감퇴, 신경세포 손상, 생식기 장애, 뇌병변, 시력 상실, 관절염, 알츠하이머, 복부 팽창, 신경계 질환, 식욕 증대, 체중 증가 등의 부작용이 나타날 수 있습니다.

올리고당은 소화되지 않는 탄수화물 덩어리로 영양 성분이 거의 없고, 액상 과당은 옥수수에서 얻은 고과당 옥수수 시럽으로 진한 설탕물이라고 할 수 있습니다. 이 외에도 옥수수 전분을 산이나 효소로 가수분해하여 만들고 표백과 정제를 한 점조성 감미료인 물엿도 있습니다. 특히 당의 주성분이 되는 옥수수는 검증되지 않은 수입 GMO 제품일 수 있다는 점에 주의하세요.

## 자연의 맛을 아는 아이로 키우자

아이가 단맛의 유혹에 빠지지 않게 하려면 단맛에 노출하는 환경 줄이기, 자연의 맛 느끼게 하기, 현명한 소비 실천하기 등을 해야 합니다.

우선 단맛 본능과 단맛 선호를 자극할 더한 단맛의 노출을 최소화하기 위해서는 어릴 때부터 원재료가 갖는 본연의 맛에 길들 수 있도록 도와주어야 합니다. 건강한 입맛을 지켜낼 수 있는 유일한 방법은 자연의 맛을 아는 아이로 키우는 것이고, 이를 위해서는 나쁜 단맛 음식에 노출되지 않도록 해야 합니다. 음식을 조리하는 과정에서는 조청, 꿀, 유기 원당, 매실청, 각종 효소 등 정제되지 않은 자연의 당을 사용하거나 채소를 이용해 단맛을 내도록 합니다.

또한 식재료를 살 때는 반드시 당 성분을 확인하여 올바른 소비를 실천해야 합니다. 글자 크기, 강조 문구 등으로 소비자의 판단을 흐리게 하는 식품업체들의 속임수에 넘어가지 말고, 원재료명 표기를 정확하게 읽어 좋은 제품을 고를 줄 아는 현명함이 필요합니다. 부모의 현명한 배려로 성장한 아이는 단맛의 유혹에 쉽게 빠지지 않고, 스스로 단맛을 조절할 수 있게 될 것입니다.

# 나쁜 지방으로부터
# 우리 아이 지키기

## 신발도 튀기면 맛있다?

중국집에서 탕수육을 튀기던 기름을 모았다가 짜장면 소스와 볶음밥을 만들었다는 뉴스를 접한 적이 있습니다. 치킨집에서는 한 통의 기름으로 하루에 수백 마리의 닭을 튀기고, 다음 날까지도 그 기름을 사용했다고 합니다. 물론 우리 집 밥상에도 매끼 기름기 반질반질한 음식이 오릅니다. 전날 배달해 먹고 남은 치킨, 즉 산화된 기름 덩어리를 다시 전자레인지에 데워 먹기도 합니다.

신발도 튀기면 맛있다는 이야기가 나올 정도로 굽고 튀긴 음식은 누구나 좋아합니다. 그래서 기름 시장에는 포도씨유, 카놀라유, 옥수수유, 콩기름, 올리브유 등 다양한 제품이 나오고, 우리는 매일 그 기름을 먹고 있습니다. 아이가 평소에 섭취하는 지방의 양은 생각보다 훨씬 많습니다. 기름기 가득한 우리 아이 몸 이대로 괜찮을까요?

## 트랜스 지방, 네가 문제였구나

지방은 종류가 많습니다. 지방은 크게 포화 지방과 불포화 지방 두 가지가 있는데, 포화 지방은 고기나 유제품에 있는 동물성 지방이고, 불포화 지방은 견과류, 채소, 씨앗에 있는 식물성 지방류와 등 푸른 생선에 들어 있는 지방입니다. 이 중에서 불포화 지방은 혈액의 흐름을 좋게 만들기 때문에 좋은 기름이라고 할 수 있지요. 그러나 장기간 보관 시 산패가 일어날 수 있습니다. 그래서 등장한 것이 바로 트랜스 지방입니다.

트랜스 지방은 보관을 쉽게 하기 위해 불포화 지방산에 수소를 첨가해서 마가린, 쇼트닝 같은 고체 형태로 만든 가공 기름이라고 할 수 있습니다. 이것은 아이들이 자주 먹는 케이크, 도넛, 페이스트리, 튀긴 감자, 팝콘, 과자, 라면, 피자, 햄버거 등에 사용됩니다.

트랜스 지방의 문제점은 바로 생산되는 과정에서 몸에 좋은 불포화 지방산은 사라지고 나쁜 지방이 그 자리를 차지하게 되는 것이지요. 여기서 가장 눈여겨볼 점은 트랜스 지방으로 인해 흔히 피떡이라고 불리는 혈전이 생겨 혈액 순환을 방해할 수 있다는 사실입니다. 트랜스 지방은 동맥경화, 협심증, 뇌졸중 같은 심혈관 질환까지 유발할 수 있으며 당뇨, 대장암, 위암, 전립선암의 원인이 되기도 합니다.

더 문제가 되는 것은 아주 적은 양을 먹더라도 체내에 쉽게 축적되고, 한번 체내에 들어오면 쉽게 배출되지 않는다는 점입니다. 세계보건기구에서는 트랜스 지방을 전체 열량 섭취량의 1퍼센트 미만으로 섭취할 것을 권고했고, 우리나라에서도 트랜스 지방의 위험을 인식하고 영양성분에 트랜스 지방을 반드시 표기하도록 하고 있습니다. 그런데 국내 표시 기준은 0.2그램 미만인 경우 '0'으로 표시하도록 허용했습니다. 따라서 '트랜스 지방 0'은 트랜스 지방이 전혀 없다는 말이 결코 아니라는 사실을 기억해야 합니다.

## '착한 기름'을 써보자

기름은 먹어도 되고 안 먹어도 되는 기호 식품이 아닙니다. 매일 먹고, 또 먹게 되는 일상 식품입니다. 따라서 우리 아이를 나쁜 지방으로부터 지켜야 합니다. 먼저 굽고 튀기는 조리법 대신 삶고 조리고 데치고 무치는 건강한 조리법을 통해 기름을 적게 쓰는 방법이 있습니다. 만약 기름을 사용해야 한다면 '착한 기름'을 선택해야 합니다.

그렇다면 어떤 기름이 착한 기름일까요? 원재료의 생산지와 생산 과정이 분명하고 안전한 것입니다. 압착법으로 추출한 기름이라면 더 좋습니다. 명절 때 선물로 들어오는 각종 정제유보다는 냉압착 방식으로 제조된 생들기름, 생참기름, 현미유, 올리브유 등이 안전합니다. 가격이 부담스럽다면, 적어도 압착 형태로 된 기름을 사용하면 좋습니다.

이렇게 착한 기름 사용과 함께, 기름을 적게 쓸 수 있고 유해 물질이 검출되지 않는 안전한 프라이팬(스테인리스 프라이팬 등) 선택하기, 요리 후 남은 기름기를 깨끗이 닦아 산패된 기름을 재사용하지 않기 등의 작은 실천도 나쁜 지방으로부터 내 아이를 지키는 현명한 방법입니다.

# 패스트푸드의 함정

## 패스트푸드가 어때서?

바쁜 세상을 살아가는 요즘 부모들은 자신도 모르게 아이에게 '빨리 먹어라~', '빨리 자라~', '빨리 해라~'라는 말을 입에 달고 삽니다. 눈뜨자마자 헐레벌떡 준비해서 출근해야 하는 상황에서 아침 밥상은 대충 빨리 해결할 수 있는 간편식일 때가 많지요. 또한 하루를 마무리하는 저녁 식사 또한 온 가족이 마주 앉아 따뜻한 밥 한 끼 하기가 쉽지 않습니다. 마음먹고 많은 시간과 노력을 투자해 정성껏 밥상을 차렸는데, 아이가 부모의 마음과는 다른 상황을 만들 때도 있습니다. 이런 일들이 반복되면 밥상에 정성을 쏟기보다는 간단하게 한 끼를 때울 방법을 찾게 되고, 결국 패스트푸드를 선택하게 됩니다.

어른 아이 할 것 없이 한번 빠지면 쉽게 헤어나오기 힘든 패스트푸드의 매력은 무엇일까요? 바로 '단짠단짠'의 맛이겠지요. 사실 아이의 식성이 달고 짠 맛에 길들여지는 것보다 더 심각한 문제가 패스트푸드에 숨어 있습니다.

패스트푸드는 정제 설탕과 정제 소금, 그리고 첨가물 범벅이라고 볼 수 있습니다. 영국 의사협회 학술지에서는 패스트푸드에는 포화 지방, 트랜스 지방, 정제된 탄수화물, 정제염 등 건강에 해로운 성분이 많은 반면, 건강에 도움이 되는 비타민, 미네랄, 불포화 지방, 섬유소 등은 매우 부족하다고 발표했습니다. 패스트푸드는 몸속 칼슘을 몸 밖으로 배출시켜 뼈를 약하게 하고, 영양소 결핍으로 면역력을 떨어뜨리며, 비만으로까지 이어질 수 있는, 아이에게 굉장히 위험한 음식이라는 것입니다.

## 편리하지만 몸에 나쁜 음식

미국 앨라배마대 연구에서는 패스트푸드를 많이 먹는 아이가 우울증에 걸릴 위험이 더 높다고 밝혔으며, 오하이오 주립대학 켈리 퍼텔 박사는 패스트푸드가 아이의 뇌에 좋지 않은 영향을 미쳐 아이의 성적을 떨어뜨린다는 연구 결과를 발표했습니다. 영국의 노팅엄대학 하이웰 윌리엄스 박사는 패스트푸드로 인해서 천식, 천명, 습진, 알레르기성 비염 등의 알레르기성 질환이 나타날 가능성이 크다고 주장했습니다. 단국대병원 정신의학과 교수팀에서는 패스트푸드를 자주 먹은 아이들이 일반 아이들보다 ADHD 위험도가 1.5배 높다는 연구 결과를 발표했는데, 이것도 같은 맥락이라고 볼 수 있습니다.

최근 아이들의 성조숙증에 관한 언론 보도가 늘어나고 있습니다. 건강보험심사평가원 통계에 따르면, 국내에서 성조숙증 진단을 받은 아이가 최근 5년 동안 약 1.4배가 증가했으며, 여아가 남아보다 7.8배나 높았다고 합니다. 성조숙증의 원인 중 가장 주된 것은 서구화된 식습관과 소아비만입니다. 패스트푸드는 편리한 음식일 수는 있으나 아이에게는 절대 좋은 음식이 될 수 없습니다.

## 아이를 대접하는 마음으로

어린 시절 나쁜 식습관은 아이가 평생 안고 살아가야 할 체질로 이어질 수 있습니다. 아이의 한 끼가 곧 아이의 미래인 셈이지요. 우리 아이의 몸과 마음이 되는 밥상은 부모의 사랑과 정성이 들어간 슬로푸드가 되어야 합니다. 이는 결코 화려한 밥상을 말하는 것이 아닙니다. 전자레인지에 돌린 간편식 밥보다는 갓 지은 밥과 한두 가지 반찬이라도 부모가 직접 조리하여 대접하는 마음으로 아이에게 내어주는 밥상을 말합니다.

밥상이 주는 의미를 다시 한번 생각해볼까요?

세종대왕은 늘 세자와 삼시 세끼를 함께하며 다양한 이야기를 나누었고, 이황 선생은 벼슬길에 올라 편지로 가정교육을 하면서 밥상의 중요성에 대해 언급했습니다. 우리도 밥상 앞에서는 유연해지고 웃음이 오가는 행복한 가족임을 느끼게 됩니다.

이렇듯 밥상은 가족이 모이고 세대와 세대를 이어주는 관계의 공간, 아이의 육체와 정신이 성장하는 생애 첫 배움의 공간, 조상들이 남겨준 지혜, 예의, 배려가 되살아나는 재현의 공간, 음식의 귀함과 생명의 경이로움을 느끼는 생명의 공간입니다.

사랑을 많이 받고 자란 아이가 사랑을 나누어줄 수 있다는 말은 밥상에도 해당됩니다. 어릴 때부터 귀한 대접을 받고 자란 아이는 자신의 존재를 귀하게 여길 줄 알며, 나아가 남을 귀하게 여겨 결국 본인이 귀한 사람이 됩니다.

따라서 우리의 밥상에서도 귀한 존재인 아이가 대접을 받는 것은 당연합니다. 한 끼를 쉽게 때우는 아이와 소박한 밥상이라도 부모의 사랑과 정성으로 대접받은 아이는 분명 다른 몸과 마음을 지니게 될 것입니다. 우리 아이가 건강한 기운과 따뜻한 정성을 먹고 단단하게 자랄 수 있도록 해주세요.

# 아리송한 '집밥'의 기준

## 식품 첨가물? 맛있으면 그만 아닌가

끼니를 빠르고 쉽게 해결하고 싶거나 먹방이나 음식 광고를 보다 식욕이 당길 때 전화 한 통으로 모든 것이 가능해진 시대, 모든 메뉴가 우리 집 식탁에 오를 수 있는 시대, 주식은 물론 간식, 야식, 손님상, 이벤트 음식까지 대신 차려주는 시대, 반조리 식품, 밀키트, 편의점 음식 등 바야흐로 대한민국은 바깥 음식의 천국이 되었습니다. 하지만 이 많은 바깥 음식이 우리 아이에게 과연 괜찮을까요?

부모가 차린 밥상을 모두 진짜 집밥이라고 말할 수 있을까요? 혹시 바깥 음식과 섞은 요리, 밀키트 요리, 출처가 모호한 식자재와 양념을 사용한 요리를 모두 집밥이라고 하지는 않나요?

집밥은 식품 첨가물 등 해로운 성분이 들어 있지 않은 재료를 이용하여 집에서 직접 만들어 먹는 음식을 말합니다. 그에 비해 대부분의 바깥 음식은 식품 첨가물 덩어리라고 할 수 있습니다. 게다가 나라마다 다른 허용 기준치, 여러 식품 첨가물이 몸속에서 뒤섞이는 셰이크 현상 등으로 결코 안전하지 않습니다. 우리가 가장 흔하게 먹는 식품 첨가물에는 보존제, 살균제, 산화방지제, 착색제, 발색제, 표백제, 감미료, 착향료, 팽창제, 산미제, 계면활성제, 증점제, 유화제, 소포제 등이 들어 있습니다.

이 같은 수많은 식품 첨가물 중에서 특히 아이에게 지속적으로 노출되었을 때 부정적인 영향을 끼치는 성분에 대해서는 부모가 정확하게 알아두는 것이 좋습니다.

## 배달 음식, 음식인가? 미세 플라스틱인가?

바깥 음식 중에서도 배달 음식은 또 다른 고민거리입니다. 부모 입장에서 배달 음식은 음식을 준비하는 시간을 줄이고 설거지로부터 해방되는 자유를 주지만, 아이의 건강과 아이가 살아갈 지구의 관점에서 보면 그냥 지나칠 문제가 아닙니다. 음식의 질에 관한 문제를 넘어 우리 아이들이 살아갈 지구환경에 위협적으로 다가오기 때문이지요.

배달용 식품 용기는 국이나 찌개, 밥 등 뜨거운 음식을 담기 위해 내열성이 있는 폴리프로필렌(PP), 탄산음료, 샐러드, 반찬 등을 담기 위해 기체 투과 차단성이 있는 폴리에틸렌테레프탈레이트(PET), 아이스 음료, 초밥 등을 담기 위해 색깔이 있는 폴리락타이드(PLA) 등 플라스틱 재질을 사용합니다. 이런 플라스틱 포장재에는 프탈레이트, 비스페놀A와 같은 환

# 특히 조심해야 할 식품 첨가물 다섯 가지

### • 아질산나트륨

햄, 소시지, 베이컨, 생선묵, 맛살, 명란젓 등 가공육에서 붉고 선명한 색깔을 띠게 하는 데 사용합니다. 구토, 호흡 곤란, 암, 빈혈, 청색증, 저혈압 등을 유발할 수 있습니다.

### • 타르 색소

사탕, 과자, 초콜릿, 아이스크림, 젤리, 음료 등 예쁘고 화려한 색을 내는 데 사용합니다. 주의력 결핍 과잉장애(ADHD)를 일으킬 위험이 있으며, 암, 아토피, 비염, 천식 등의 알레르기를 유발할 수 있습니다.

### • 아황산나트륨

단무지, 말린 과일, 과일 주스, 물엿, 잼 등에 사용하며, 세균 번식 억제를 위한 방부제 및 표백제 역할을 합니다. 신경염, 만성기관지염, 천식 등을 유발할 수 있습니다.

### • 안식향산나트륨

탄산음료, 드링크제, 잼, 마가린, 피클, 마요네즈 등 부패를 막아 보관 기간을 늘리기 위해 사용합니다. DNA를 손상시킬 수 있으며, 과도하게 섭취하면 눈이나 점막에 자극을 주고 두드러기를 유발할 수 있습니다.

### • L-글루탐산나트륨(MSG)

라면, 즉석 음식, 맛소금 등 단맛과 감칠맛을 내는 인공 조미료로, 다양한 측면에서 끊임없이 문제가 제기되고 있습니다. 과다 섭취 시 뇌를 과도하게 흥분시키는 독소가 될 수 있으며, 신경 손상을 일으킬 수 있습니다.

경 호르몬이 검출되었고, 검출된 유해 물질은 인체에 들어와 갑상선 질환, 유방암, 비만, 전립선 질환 등을 일으킬 수 있습니다.

환경부 발표에 따르면, 우리나라의 2020년 상반기 플라스틱류 폐기물 발생량은 하루 평균 848톤에 달한다고 합니다. 만드는 데 5초, 쓰는 데 5분, 분해되는 데 500년이 걸린다는 플라스틱은 바다로 흘러가 해양생물을 위협하고 결국 우리 식탁에까지 영향을 주고 있습니다.

세계자연기금에 따르면, 한 사람이 일주일 동안 먹는 미세 플라스틱의 양은 5그램이며, 이것은 한 달에 칫솔 한 개 분량을 먹는 셈입니다. 미세 플라스틱은 분해되지 않고 몸에 쌓이므로 어릴 때부터 미세 플라스틱 환경에 놓이게 되는 우리 아이들은 더욱 위험하다고 볼 수 있습니다.

## 바깥 음식을 멀리하려면

냉동 음식, 가공 식품, 밀키트 요리, 배달 음식, 외식 등 바깥 음식을 찾게 되는 이유를 자세히 들여다보면, 음식을 준비하는 부모가 선호하는 입맛, 부모의 육아에 대한 부담, 부모의 음식을 대하는 마음 등 대부분 부모의 양육 신념에 따른 양육 행동이라고 볼 수 있습니다.

따라서 우리 아이들의 밥상에서 바깥 음식을 멀리하기 위해서는 진짜 집밥 만들기, 바깥 음식 골라 먹기, 바깥 음식 따져보기 등을 실천해야 합니다. 우선 진짜 집밥에 대한 부담을 줄이려면 조리 없이 먹을 수 있는 요리, 조리 시간을 최대한 줄일 수 있는 요리를 선택하면 도움이 됩니다. 예를 들어 생채소를 그대로 먹는 것, 해산물이나 두부, 콩, 달걀 등 데

치거나 찌기만 하면 되는 것, 된장이나 육수를 이용해 여러 가지 식재료를 한꺼번에 넣어 먹을 수 있는 것 등이 있습니다. 조리가 쉬운 요리는 건강하고 안전한 식재료일 때 더 맛있게 먹을 수 있기에 아이들이 재료 본연의 맛에 자연스럽게 길들여질 수 있는 방법이기도 합니다.

한편 바깥 음식을 먹어야 할 상황이 생긴다면, 평소에 집에서 준비하기 힘든 요리나 덜 자극적인 메뉴를 선택하는 것이 좋습니다. 음식 선택과 함께 인체에 해가 없는 친환경 또는 재활용 용기를 사용하는 곳을 찾거나, 빈 그릇을 가지고 가서 직접 음식을 사올 수도 있습니다. 또한 지자체를 중심으로 이루어지고 있는 '노 플라스틱' 환경 캠페인에 가족의 이름으로 동참해보는 것, 미세 플라스틱 미검출 및 플라스틱 포장을 줄인 물품이나 저탄소 인증 제품을 선택하는 등 현명한 소비도 좋은 방법입니다.

# 온 생명을 담은
# 그릇
# 사용하기

## 어디에 담아줄까?

아이는 부모가 차려주는 밥상으로 하루하루 성장해갑니다. 아이 밥상은 어떤 음식을 제공하느냐가 가장 중요하지만, 그와 함께 어떤 그릇에 담아 내어주느냐도 중요합니다. 그런데 그릇을 선택할 때 아이보다는 부모의 입장에서 음식을 담기 편하거나 정리하기 쉬운 그릇으로 고르고 있지는 않나요? 대표적인 예로 식판을 들 수 있습니다.

식판은 주로 단체 급식소에서 편의성과 실용성을 위해 사용하였는데, 요즘은 집에서 아이 그릇으로 사용하곤 합니다. 그런데 식판을 사용하면 반찬이 뒤엉켜 섞음밥이 되는 경우가 많고, 식판을 통째로 들고 먹다가 아이 얼굴이 음식 범벅이 될 때도 있습니다.

이유식 때부터 가정에서 시작하는 식판 밥은 유아교육기관, 학교, 직장을 거치면서 평생 먹게 된다는 사실! 따라서 가정에서만큼은 편의성과 실용성을 상징하는 식판보다는 예쁘고 안전한 그릇에 담아 집밥답게 먹게 하는 건 어떨까요?

어느 날 늘 식판에 밥을 먹던 아이들이 매일 같은 밥이라서 먹기 싫다고 하는 거예요. 그래서 우리 부부는 어떻게 할까 생각하다 예쁜 도자기 그릇을 꺼내 아이들과 함께 식탁을 차려보았어요. 아이들과 산책하다 가져온 들꽃도 식탁에 올려두고요. 그랬더니 아이들이 "와~ 식탁에서 꽃향기가 나는 것 같아요~"라고 말하며 밥을 정말 맛있게 먹더라고요.

- 생태 가정 컨설팅 면담 중에서

## 젓가락을 사용해보자

처음에 아이는 손으로 음식을 먹습니다. 그러다가 숟가락, 포크, 교정용 젓가락, 나무젓가락에서 드디어 쇠젓가락까지, 점점 혼자 먹는 연습을 해나갑니다.

혹시 아이가 스스로 음식을 먹으면 너무 많이 흘리게 되니 부모가 떠먹여주고 있지는 않나요? 아이가 음식을 스스로 먹을 수 있다는 것은 인간의 가장 기본 욕구인 식(食)을 스스로 해결할 수 있는 자신감을 갖게 된다는 의미이지요. 특히 손놀림을 이용한 젓가락 사용은 30여 개의 관절과 60여 개의 근육을 움직이는 고도의 기술 습득으로 두뇌를 자극하고 소근육 운동에도 아주 좋습니다. 따라서 다소 서툴지라도 아이 혼자 힘으로 젓가락질을 할 수 있도록 격려하고 기다려주세요. 프랑스의 비평가 롤랑 바르트는 포크와 나이프의 폭력성과 젓가락의 포용성을 비교하기도 했습니다.

이처럼 젓가락 사용이 먹는 사람에 대한 배려와 사랑, 함께하는 자리에 대한 예의와 존중, 먹거리에 대한 생명의 가치 등 문화적 의미까지도 내포하고 있다고 하니, 아이의 젓가락질을 더욱 응원해주는 것은 어떨까요?

## 젓가락 언제, 어떻게 주면 될까?

대체로 5세 정도면 젓가락 사용이 가능합니다. 그러나 아이마다 성향과 능력이 다르기 때문에 아이의 발달 정도를 지켜보면서 시도하는 것이 좋습니다.

처음 젓가락질을 가르칠 때는 교정용 젓가락을 비롯한 일본의 짧고 끝이 뾰족한 나무젓가락, 중국의 길고 끝이 뭉툭한 플라스틱 젓가락보다는 우리나라의 쇠젓가락을 사용하도록 해주세요. 대구경북과학기술원과 영남대병원에서는 쇠젓가락, 나무젓가락, 포크 사용을 비교 분석했는데, 쇠젓가락을 사용했을 때 두뇌 활동이 가장 활발한 것으로 나타났습니다.

그리고 초반에 젓가락질이 익숙지 않아 젓가락 한 짝으로 반찬을 찍어 먹거나, 양손으로 젓가락을 잡고 어설프게 반찬을 집어 올려 입속으로 겨우 넣더라도 잘했다고 칭찬해주세요. 그래야 아이는 부담감 없이 젓가락을 가까이하게 될 것입니다.

수많은 육아 경험자와 유아 교육자들은 아이가 기본 젓가락을 사용해서 천천히 놀이처럼 연습해나가는 것이 중요하다고 말합니다. 가족의 밥상에서 아이에게 젓가락을 내어줌으로써, 두뇌 친화적 환경을 자연스럽게 만들어주는 육아 지혜를 발휘해보세요.

# 젓가락 대회 이야기

생태유아교육기관에서는 아이들의 젓가락 사용을 북돋아주기 위해 매년 '젓가락 대회'를 개최합니다. 쇠젓가락으로 메주콩을 옮기며 젓가락질 실력을 뽐낼 수 있게 하지요. 아이들은 대회 준비를 하느라 기관에서뿐만 아니라 집에서도 젓가락질 연습을 부지런히 하고, 이 과정에서 자연스레 손끝 힘이 길러집니다.

아직 젓가락질이 힘든 동생들은 번외 경기로 숟가락으로 콩 옮기기 대회를 합니다. 놀이를 통해 즐거움과 성취감을 맛보고, 자연스레 두뇌 발달까지 꾀하는 좋은 예라고 할 수 있습니다.

# 아이를 위한 먹거리 십계명

**1. 가족이 함께 즐겁고 감사하는 마음으로 식사하자**

끼니를 때우기보다 사랑을 느끼는 시간으로

**2. 물을 조금씩 자주 마시자**

냉장 음료 대신 실온 생수로

**3. 아침은 꼭 챙겨 먹자**

활동량이 많은 오전을 활기차게

**4. 채소와 과일을 매일 먹자**

유기농산물로 아이도 살리고 땅도 살리고

**5. 근거리 제철 음식을 먹자**

맛있고 싱싱하고 영양 많은 제철 음식으로

**6. 전통 음식을 자주 먹자**

김치, 된장 등 발효 음식으로

**7. 꼭꼭 씹어 천천히 먹자**

건강한 몸이 뇌 발달로

**8. 첨가물이 든 음식을 피하자**

식품 성분을 확인하는 현명한 소비로

**9. 바깥 음식을 줄이자**

외식, 배달 음식, 냉동 식품, 가공 식품은 멀리

**10. 간식은 간식답게 먹자**

적당량의 제철 자연 간식으로

# 3장

# 건강

자연치유력으로 건강한 아이

-------- 아이의 건강은 우리의 미래입니다.
면역력 강한 아이는 자신의 몸과 마음을
건강하게 지킬 수 있습니다.

# 웰빙 육아로
# 아이도 부모도
# 행복하게

## 몸과 마음이 건강하고 행복한 육아

웰빙(well-being) 육아란 아이와 양육자 모두 몸과 마음이 건강하고 행복한 육아를 말합니다. 아이가 아프기라도 하면 다른 모든 일이 다음 순위로 밀려납니다. 그만큼 건강은 행복을 위한 가장 기본 요소입니다.

건강은 의술이 고도로 발달한 현대 사회에서도 자연스레 얻어지는 것이 아닙니다. 아토피, 비염, 소아비만, 성조숙증, ADHD 등 요즘 아이들이 앓고 있는 질병을 보면 과거에는 보기 드문 만성질환이 늘어가고 있으며, 이에 따라 가계의 병원비 부담은 갈수록 증가하고 있습니다. 몸뿐 아니라 정서 불안, 스트레스, 과잉행동, 성격 장애 등 마음의 병을 앓고 있는 아이 또한 급격히 늘어나고 있지요.

인간의 힘으로 치료 가능한 질병의 수는 실제 얼마 되지 않습니다. 가장 흔한 감기조차 치료약이 딱히 없으니까요. 게다가 현대 의학은 질병의 치료와 증상 완화에 초점을 두기 때문에 예방의학이 발전하지 못한 것이 사실입니다. 병이 걸리고 나서 치료하는 것보다 병에 걸리지 않도록 하는 것이 중요하며, 생활 속에서 질병을 예방하는 것이 가장 생태적이고 지혜로운 육아법이라고 할 수 있습니다.

아이를 기른다는 것은 아이가 스스로 잘 자라도록 돌보는 것입니다. 아이가 잘 자란다는 것은 아이가 잘 먹고, 잘 놀고, 잘 싸고, 잘 자는 상태를 말합니다. 즉, 몸으로 들어오는 공기와 물과 음식, 몸에서 나가는 공기와 땀과 대소변이 건강하다는 것이지요.

건강을 위해 중요한 것은 특별한 보약이나 운동법이 아니라 매일 먹는 식사와 하루하루 살아가는 일상의 생활습관이고, 이를 통하여 자연치유력을 높이는 것이 무엇보다 중요합니다. 인간의 몸에는 비정상적인 나를 정상적인 나로 되돌려놓는 자연치유력이 있고, 자연치유력(면역력)이 높을수록 건강하다고 할 수 있습니다.

## 면역력과 체온

면역력은 체온과 밀접한 관련이 있습니다. 인큐베이터 속 아이의 체온이 0.2도만 올라가도 상태가 확연히 달라진다고 하지요. 실제 체온이 올라가면 신장과 폐의 노폐물 배출이 원활해지고 질병 예방과 피로 해소를 돕게 됩니다. 도쿄여자대학 가와시마 아키라 교수는 체온이 1도 올라가면 면역력이 6배 증가하고, 1도 떨어지면 면역력이 30퍼센트 낮아진다고 했습니다.

체온이 낮아지면 바이러스에 걸릴 위험이 높아지고, 혈액 내 에너지원의 연소와 배출이 잘 이루어지지 않아 당뇨와 고지혈증에 걸릴 위험이 그만큼 커집니다. 서양 의학의 선구자인 히포크라테스는 자연적으로 낫지 않는 병은 약을 쓰고, 약으로 안 되는 병은 수술하고, 수술로 안 되면 열로 다스리라고 했는데, 이 또한 같은 맥락이라 할 수 있습니다.

그렇다면 체온을 떨어뜨리고 면역력을 감소시키는 것은 무엇일까요? 인스턴트 식품이나 가공 식품, 차가운 음식, 불규칙한 식사, 몸을 움직이지 않는 정적인 생활, 실내 중심 생활, 수면 부족과 불규칙한 수면 패턴, 스트레스 등을 들 수 있습니다. 이는 모두 일상생활과 관련된 것입니다. 그러므로 우리 아이가 일상 속에서 건강한 생활습관을 기른다면, 시간이 조금 걸리더라도 반드시 건강하고 단단한 아이로 자랄 수 있을 것입니다.

# 아이들의 현대병

## 환경 호르몬과 성조숙증

부모들의 어린 시절과는 달리 요즘 아이들이 살아가는 생활환경은 조심해야 할 것들이 참 많습니다. 소아비만, 성조숙증, 아토피 피부염 등 이전에 없던 질환들이 늘고 있는데, 이는 변화된 사회환경과 나쁜 생활습관과 밀접하게 관련되어 있기에 세심한 주의가 필요합니다.

아이들의 건강 적신호 중 하나인 성조숙증은 성 호르몬의 과잉으로 제2차 성징이 정상 범주보다 이른 시기에 나타나는 증상입니다. 최근 성조숙증으로 치료받는 아이들이 급증하고 있습니다.[4]

성조숙증 문제는 성장판이 빨리 닫혀 성인이 되었을 때 예상되는 키

---

4 건강보험심사평가원 통계에 따르면, 국내에서 성조숙증으로 진단받은 아이는 2015년 총 8만 3998명(남아 7040명, 여아 7만 6958명)에서 2019년 11만 8371명(남아 1만 3460명, 여아 10만 4911명)으로 5년간 1.4배 증가했다. 특히 2019년 기준으로 여아가 남아보다 성조숙증 진단이 약 7.8배나 높았다.

가 작다는 것과 감정적, 심리적으로 아직 준비되지 않은 상태에서 신체 변화를 감당해야 한다는 점입니다. 가장 걱정스러운 것은 여자아이들의 경우 어른이 되었을 때 유방암에 걸릴 위험성이 높아진다는 사실입니다.

성조숙증의 원인은 다양하게 밝혀지고 있으나 가공 식품 섭취와 환경 호르몬이 대표적이라고 할 수 있습니다. 환경 호르몬 중에서 가장 주의해야 할 것은 비스페놀A와 프탈레이트입니다. 비스페놀A는 플라스틱 제품을 만들 때나 식품 통조림 용기에 주로 쓰입니다. 플라스틱 용기에 열이 가해지거나 플라스틱 용기를 수차례 사용하면 비스페놀A가 음식에 흘러들어갈 수 있으며, 카드 영수증도 비스페놀A를 주의해야 하는 대표적인 물건입니다.

비스페놀A는 음식보다 피부를 통해 더 많이 흡수되고 더 오랫동안 체내에 머물며, 남성보다 여성이, 어른보다 아이의 피부에 더 잘 흡수됩니다.

프탈레이트는 PVC 플라스틱을 유연하게 만드는 화학물질로 장난감, 식품 용기, 호스, 우비, 샤워 커튼, 비닐 바닥재, 벽지, 윤활제, 접착제, 세제, 광택제, 헤어스프레이, 샴푸 등 다양한 제품에서 발견됩니다.

우리는 생활반경 곳곳에 침투한 환경 호르몬이 아이의 성장 발달에 방해가 되지 않도록 더욱 주의를 기울여야 합니다.

## 나쁜 식습관과 소아비만

소아비만은 같은 키의 소아 표준 체중보다 20퍼센트 이상 체중이 더 나가는 증상을 말합니다. 소아비만은 비만 인자의 개수가 늘어나 성인 비만으로 이어질 가능성이 있고, 이로 인해 다양한 성인병에 걸릴 확률이 높아진다는 점에서 조심해야 합니다.

소아비만이 늘어나는 가장 큰 원인은 바로 식습관입니다. 탄수화물 중심에서 고단백, 고지방식으로 변화된 밥상과 더불어 과자나 탄산음료 같은 고당, 고열량 간식을 자주 먹는 것이 비만으로 가는 지름길입니다. 여기에 뛰어놀거나 움직이기보다는 컴퓨터 게임이나 TV를 보면서 장시간 앉아 있는 생활습관도 한몫하고 있습니다. 먹는 열량보다 소모되는 열량이 적기 때문에 비만으로 이어지는 것이지요.

이처럼 소아비만은 신체 성장에 사용될 에너지의 다수가 지방을 태우는 데 소비되며 성장 부진을 일으킬 수 있기 때문에 예방이 중요합니다.

먼저 우리 아이가 어떤 음식을 자주 먹는지 점검해보고, 우선 과한 당류나 탄수화물 섭취를 줄이도록 합니다. 그리고 음식도 작은 그릇이나 아이용 그릇에 담아 과식하지 않도록 돕습니다.

식사 시간도 중요합니다. 보통 식사를 하고 20분이 지나야 우리 몸이 포만감을 느낀다고 하니 빨리 먹기보다는 천천히 씹고 삼키며, 뇌가 배가 부르다는 것을 인식할 수 있게 합니다. 과식을 일으키는 또 다른 습관은 식사 시간에 영상(TV, 핸드폰 등)을 시청하는 것입니다. 따라서 식사 시간에는 영상 등을 보지 않도록 하고 먹는 데 집중하게 합니다.

마지막으로 따로 시간을 내서 운동하기보다는 엘리베이터보다 계단 이용하기, 자기 물건 정리하기, 집안일하기 등의 신체를 움직일 수 있는 계획을 세워 생활 속에서 활동량을 늘리도록 합니다.

## 자연과 멀어진 생활과 아토피

피부에 알레르기성 염증이 나타나는 질환인 아토피는 여러 가지 요인이 복합적으로 작용해서 피부 면역력을 무너뜨려 생기는 병입니다. 집먼지 진드기, 화학섬유나 자극이 강한 화장품, 인스턴트 식품 섭취 증가, 대기 오염 물질 등이 원인으로 지목되고 있습니다.

그럼 아토피를 줄이기 위해서는 어떻게 해야 할까요? 먼저 피부 면역력을 높여야 합니다. 가정에서 피부 면역력을 높일 수 있는 가장 쉬운 방법은 바로 햇빛을 가까이하는 생활입니다. 햇빛이 아이의 피부를 태우면 피부 각질층이 두꺼워지면서 피부 면역력이 높아집니다. 따라서 선크림은 조금 줄이고 바깥에 나가서 햇살을 받으며 마음껏 뛰어놀 수 있게 해주세요.

또한 좋은 세균까지 죽이는 항균 비누나 과도한 목욕은 오히려 피부를 보호해주는 지질 성분까지 없애 보호막을 사라지게 할 수 있습니다. 물만으로도 충분히 목욕이 가능하니 목욕용품의 과도한 사용을 줄이고 아이 피부가 자생력을 갖도록 해줍니다.

더불어 아이가 지내기에 실내 공간의 온도와 습도가 적절한지 살핍니다. 아이 몸에 직접 닿는 옷과 이불은 천연섬유로 된 것을 사용하되 햇빛 소독을 자주 합니다. 그리고 플라스틱 놀잇감이나 주방용기, 가정생활용품 등은 나무나 스테인리스, 천 등으로 교체하여 사용합니다.

# 약을
## 달고 사는
### 아이

## 꼬박꼬박 약 먹기, 괜찮을까?

우리나라의 약제 복용 비율은 82퍼센트로 호주(43퍼센트), 일본(36퍼센트), 영국(13퍼센트)보다 월등히 높은 수치입니다. 이는 한국인의 약 남용이 심각한 수준임을 말해줍니다. 아이들도 다르지 않습니다. 우리나라 어린이집과 유치원 교실에는 가정에서 가져오는 약을 보관하는 투약함이 따로 있을 정도인데, 교사들의 중요한 업무 중 하나가 바로 아이들에게 약을 먹이는 일입니다.

이처럼 남녀노소를 막론하고 약 복용률이 높은 이유에 대해 한국인의 빨리빨리 성향을 꼽기도 하는데요. 몸에 이상이 나타나는 원인을 근본적으로 개선하기보다는 드러나는 증상에 대한 즉각적인 해결을 바라기 때문입니다. 약에 대해 양심적으로 이야기하는 의사나 약사들에 따르면, 부작용이 없는 약은 존재하지 않으며, 효과가 좋은 약일수록 부작용에 더욱 주의해야 한다고 합니다. 약을 달고 사는 우리 아이 이대로 괜찮을까요?

## 이유 없이 아픈 아이는 없다

아이가 왜 아플까요? 아이의 몸속으로 침투하는 나쁜 균과 싸울 힘이 부족하기 때문이겠지요. 바로 면역력이 낮다는 의미입니다. 아이가 타고나는 개별 특징에 따라 병을 이겨내는 정도에 차이가 있지만, 면역력이 낮아 약을 달고 사는 아이를 보면 의식주의(衣食住醫) 생활이 바르지 못한 경우가 많습니다.

예를 들어 속옷(러닝, 내복)을 잘 챙겨 입지 않아 체온이 낮다든지, 가공 식품과 인스턴트 식품을 달고 사는 식습관을 가지고 있다면 건강하게 자라기 어려울 수 있습니다. 또한 머무는 공간에 플라스틱이나 화학제품 물건들로 가득 차 있거나 조금만 아파도 즉시 과한 약을 처방받아 면역력을 키울 틈을 주지 않는다면 이는 아이가 건강하게 자랄 수 있는 시공간을 앗아가게 되는 것입니다.

건강한 아이로 키우고 싶다면 먼저 우리 집 생활환경과 생활습관을 점검해볼 필요가 있습니다. 보다 자연과 가깝게, 난대로 결대로 살아가는 생태적 실천과 그런 생활에 대한 믿음과 자신감이 필요합니다.

지금 당장 아이가 아프다는 불안함에 불 끄기식 일시적 처방을 하기보다는 장기적인 관점에서 우리 아이가 건강하게 성장할 수 있는 발판을 마련해주는 것이 중요합니다.

# 항생제,
# 해열제
# 현명하게 쓰기

## 감기, 너 또 왔니?

아이들이 가장 흔하게, 또 자주 걸리는 질병 중 하나가 바로 감기입니다. 아이가 감기에 걸리면 무엇부터 하나요? 감기 초기에는 방의 온도와 습도를 조절하고 따뜻한 물을 많이 마시게 하는 등 집집마다 나름의 처방이 있을 것입니다. 그러나 감기 증상이 3일 이상 지속되면 이내 불안해 병원을 찾게 되지요. 아이가 아프면 병원을 찾는 것이 당연할 수도 있지만, 단순 감기에 내려지는 과다 처방 및 복용이 약물 오남용으로 이어질 수 있음을 경계하고 주의해야 합니다.

〈EBS 다큐 프라임〉(2008년 6월 23일 방송. 감기─1회 약을 찾아서/2회 낫게 해드릴게요)에서는 우리나라가 세계적으로 높은 수준의 항생제 내성률을 갖게 된 것이 감기약 처방 현실과 깊은 연관이 있다고 지적했습니다. 실제로 미국과 유럽의 병원에서는 '3일 전부터 기침이 나고, 맑은 콧물과 가래가 나오며, 열이 약간 나는 감기 증상'에 단 한 알의 약도 처방하지 않았지만, 한국의 병원에서는 평균 5알, 많은 곳은 10알까지도 처방하는 사례가 있었습니다.

아이들의 감기는 어른과 달리 평균 2주 정도 지속됩니다. 나이가 어릴수록 앓는 기간은 더 길어지는데 이것은 아이들이 어른보다 아직 면역력이 약하기 때문입니다. 여러 전현직 의사들은 감기는 약을 먹지 않아도 저절로 낫는 질환이라고 말합니다. 감기는 바이러스 감염이 원인이고, 바이러스는 종류가 너무 많아 정확한 치료제를 만들 수가 없기 때문입니다. 따라서 푹 쉬면서 물을 충분히 마시고 잘 자는 게 감기의 가장 적절한 치료법입니다. 물론 응급상황이나 의료적 행위가 반드시 필요한 경우를 제외하고요.

## 항생제와 해열제 무엇이 문제인가?

아이가 아플 때 가장 많이 사용하는 약은 항생제와 해열제입니다. 물론 항생제가 우리 삶을 감염의 공포에서 벗어나게 해준 것은 사실입니다. 하지만 항생제의 과한 처방과 복용은 다제 내성균(다양한 항생제에 대하여 내성을 가진 병균) 감염과 체내 유익균의 균형을 무너뜨릴 수 있기에 주의를 기울여야 합니다.

물론 아이의 몸속에 유익균이 많아서 나쁜 세균이 자리 잡지 못하게 하고 내성균이 퍼지지 않게 하는 것이 제일 좋습니다. 그렇게 된다면 좋은 균의 다양성이 유지되는 건강한 신체 조건이 갖추어졌다고 볼 수 있으니까요.

해열제는 열이 나면 먹는 약입니다. 아이들은 37.5도까지 정상 체온 범위로 보기 때문에 열이 난다는 것은 38도가 넘었을 때를 말합니다. 열이 나는 것은 병균을 물리치기 위해 아이의 몸이 스스로 반응하고 있다는 것인데, 열이 날 때 바로 해열제를 먹여 열을 내리면 아이 몸이 병균과 맞서 싸울 기회 자체를 앗아가게 됩니다. 그렇게 되면 아이의 면역력은 향상되지 않겠지요. 해열제가 단순히 열을 내려주는 약이 아니라, 아이 몸의 면역 작용을 방해할 수도 있는 약이라는 사실을 알아야 합니다.

아이가 아플 때 부모가 도울 수 있는 방법은 많습니다. 별것 아닌 것 같지만 부모의 작은 보살핌이 아이의 병을 빨리 낫게 하고, 또 나은 이후 더 건강하게 생활하는 데 도움이 됩니다.

첫째, 가벼운 질환일 경우에는 집에서 편안한 상태로 충분히 쉬게 하고, 따뜻하거나 미지근한 물을 자주 마시도록 하며, 소화가 잘 되는 음식을 만들어줍니다.

둘째, 병원을 가게 된다면, 부모가 먼저 의사에게 항생제를 처방해달라고 요구하지 않고, 아이가 무슨 약을 먹는지 혹시 과한 약 처방은 아닌지 잘 살펴봅니다.

셋째, 아이가 열이 난다고 무조건 해열제를 먹이기보다는 아이가 열로 인해 힘들어하는 증상을 보일 때 복용하게 합니다. 아이들은 몸에서 열이 조금 나더라도 잘 놀 때가 많은데, 이럴 때는 너무 걱정하지 말고 지켜

봐주세요. 아이의 체온과 함께 눈동자의 상태나 움직임, 소리에 대한 반응, 통증 유무 등 상태를 종합적으로 살펴보고, 해열제는 좀 더 신중하게 사용하는 것이 좋습니다.

# 아이 영양제,
# 묻고
# 따져라

## 어린이 영양제, 그것이 알고 싶다

아이의 성장과 면역력을 위해 부모들이 가장 많이 챙기는 것 중 하나가 바로 영양제입니다. 장 건강을 위한 유산균부터 각종 비타민, 아연, 철분에 프로폴리스, 그리고 홍삼까지 그 종류와 브랜드도 다양하지요. 게다가 일반 사탕보다는 '비타민 사탕'이 더 낫다고 생각합니다.

아이 영양제는 어떤 기준으로 선택하시나요? 너무 많은 영양제를 먹이고 있지는 않나요? 사실 영양제는 객관적으로 눈에 띄는 효과보다는 '예전보다 밥을 잘 먹는 것 같다', '조금 덜 피곤해하는 것 같다' 등의 '느낌적인 느낌'으로 그 효과를 가늠하는 경우가 많습니다. 거기에 특정 영양제가 주변 엄마들의 입소문을 타기라도 하면 우리 아이도 꼭 먹여야 할 것 같은 은근한 압박감에 시달리기도 하지요.

몇 해 전, 식품의약품안전처에서 건강기능식품 안전과 품질관리 실태와 관련하여 매출 상위 10위 안에 있는 어린이용 비타민, 유산균, 홍삼 등을 무작위로 뽑아서 합성 착향료와 보존제 등의 화학 합성첨가물 사용 실태를 조사한 적이 있습니다.

그 결과, 조사 대상 10개 제품 중에서 합성첨가물을 전혀 사용하지 않은 제품은 단 1개뿐이었고, 나머지 9개 제품에는 적게는 1종에서 많게는 12종의 화학 합성첨가물이 들어 있었습니다. 특히 A사의 어린이용 비타민 제품에는 같은 회사 성인용 비타민 제품보다 무려 10종이나 더 많은 11종의 화학첨가물이 포함되어 있어 전국의 수많은 부모들을 아연실색하게 했습니다.

어린이 영양제에 든 합성첨가물 문제는 끊임없이 제기되고 있고 아직 밝혀지지 않은 첨가물의 안전성 문제까지 포함한다면, 우리 아이가 장기간 복합적으로 섭취할 경우 건강에 어떤 악영향을 미칠지 알 수 없습니다. 뿐만 아니라 실제 영양제의 영양소 함량은 매우 적은 수준이며, 제조 과정에서 감미료와 설탕, 향료까지 추가하게 됩니다. 이렇게 새콤달콤한 맛에 취한 아이는 입에 늘 단맛이 서려 있기에 밥을 더 거부할 수도 있습니다.

## 많이 챙겨 먹일수록 면역력 UP?

또 하나 주목할 점은 아연의 과잉 섭취입니다. 아이에게 챙겨 먹이는 각종 영양제(종합비타민, 비타민D, 프로폴리스, 오메가3, 유산균 등)는 면역 기능 영양소인 '아연'을 넣지 않으면 제품명이나 광고 문구에 '면역'이라는 말을 사용하지 못하게 되어 있습니다. 그런데 영양제를 이것저것 챙겨 먹이다 보면 한국인 영양 섭취 기준에 나와 있는 아연 권장 섭취량(9~11세)인 8밀리그램을 훌쩍 넘어 상한 섭취량 20밀리그램 이상까지 도달할 수 있습니다. 왜냐하면 아이가 평소 먹는 우유, 치즈, 소고기, 달걀에도 아연이 들어 있기 때문입니다.

아연의 과잉 섭취는 식욕 저하, 설사 지속, 구리나 철분 등 다른 영양소의 결핍으로 이어질 수 있습니다. 과유불급! 영양소 함량 미달도 문제이지만, 영양소 과잉 섭취가 오히려 해가 될 수 있으므로 주의가 필요합니다.

## 진짜 건강한 아이로 키우기 위해서는

아이의 건강에 도움을 주는 영양제와 관련된 정보는 넘쳐납니다. 그중 상업성을 배제하고 약사나 건강기능식품 전문가들이 공통으로 이야기하는 것은 바로 '식습관이 잘 형성되어 있다면 굳이 어린이 영양제를 먹일 필요는 없다'라는 것입니다. 즉, 아이가 밥을 잘 먹지 않는다면 어린이 영양제를 우선적으로 먹이는 것보다는 신선한 채소와 과일, 양질의 단백질 식품을 자주 접하게 해주어 먹는 양을 조금씩 늘리는 방향으로 습관을 들이는 것이 제일 좋다는 것이지요.

그럼에도 어린이 영양제를 먹이고자 한다면 우선 아이의 식습관을 잘 살펴보고 꼭 필요한 영양소를 파악하는 것부터 시작합니다. 그리고 영양제의 원재료명과 함량을 꼼꼼히 확인하는 습관을 가져야 합니다. '천연'이라 쓰여 있다고 해도 실제로 천연 물질은 매우 소량만 함유되었을 수도 있습니다. 또한 어린이용 건강기능식품은 단맛이나 향을 첨가하므로 당분 함량도 체크해야 합니다. 또 하나, 아이는 성인보다 화학 첨가물을 해독하는 능력이 매우 약해 소량만 복용해도 몸에 악영향을 끼칠 수 있으니 반드시 유의해야 한다는 점 잊지 마세요.

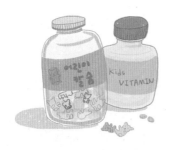

# 치약보다
# 칫솔질

## 하루 세 번 치약 사용 괜찮을까?

하루 세 번 입속으로 들어가는 치약! 치약 없는 양치질은 상상할 수 없습니다. 그런데 하루 세 번 매일 사용하는 치약에 합성유화제, 계면활성제, 방부제, 불소, 색소, 합성향료, 인공감미료 등 수많은 화학성분이 들어갑니다. 과연 괜찮을까요? 그래서 전문가들은 양치 후 일곱 번 이상 입안을 헹구도록 권합니다.

하지만 아이들은 양치 중 자신도 모르게 치약을 조금씩 삼키는 경우가 흔하고, 심지어 맛있다고 일부러 빨아 먹는 경우도 있습니다. 부모가 어린이 치약에도 관심을 기울여야 하는 이유입니다.

## 치약 성분을 꼼꼼히 따져보자

현재 우리나라는 어린이 치약에 관한 규정이 따로 없습니다. 어린이 치약에 발암물질이 포함되어 있거나 어린이 치약을 삼켜도 된다는 허위 광고를 하여 제재를 받은 사례도 있으니, 어린이 치약은 모두 순하다고 생각하면 안 됩니다.

그렇다면 치약에는 어떤 성분이 들어 있을까요?

| 성분 | 기능 | 유해성 | 비고 |
|---|---|---|---|
| 라우릴황산나트륨<br>(합성 계면활성제 ) | 거품, 단맛,<br>점도 조절 등 | 세제에 사용하는 1급 독성 물질<br>입안 궤양, 잇몸 질환의 주원인 | = SLS, SLES |
| 파라벤 | 보존제 | 호르몬 분비 교란 | |
| 트리클로산 | 항균제 | 간암, 갑상선 기능 저하 등 유발 | 2016년부터 우리나라<br>에서는 금지, 외국 제품<br>에는 포함되기도 함 |
| 합성 색소 | 색 | 발암 물질인 석탄 타르 등 포함 | |
| 플루오르화나트륨 | 불소 | 강한 산성 물질, 독성 강함 | |

위에서 언급한 화학성분들이 어린이 치약에 들어가더라도 아무런 법적 제재를 받지 않으므로, 아이 치약을 구입할 때는 특히 성분 표시를 꼼꼼히 살펴야 합니다.

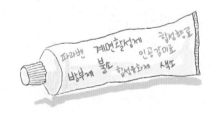

## 치약보다 중요한 칫솔질

구강 건강에서 중요한 것은 치약보다 칫솔질입니다. 입속 구석구석 문질러서 음식물이나 세균을 잘 닦아내는 것이 핵심이지요. 마치 세제만 뿌린다고 설거지가 되지 않는 것처럼, 치약보다 칫솔질이 더 중요합니다. 부모는 아이가 양치를 했냐 안 했냐, 오늘 몇 번 했냐를 따지지만, 실제로는 얼마나 '제대로' 양치질을 하느냐를 확인해야 합니다. 아이가 칫솔을 45도 각도로 잡고 잇몸을 마사지하듯 치아 하나하나를 잘 닦도록 부모가 옆에서 올바른 칫솔질 습관을 지닐 수 있게 도와주세요.

아이의 충치를 예방하기 위해서는 올바른 칫솔질과 함께 아이가 먹는 음식을 살펴볼 필요가 있습니다. 탄산음료나 과일 주스, 젤리나 사탕 등 산 성분이 많거나, 달고 치아에 달라붙는 음식은 충치의 주요 원인입니다. 이런 음식을 줄이면, 이도 튼튼! 몸도 튼튼!

## 소금 양치를 시도해보자

화학성분이 포함된 치약보다는 소금으로 양치를 시도해보세요. 치의학 연구에 따르면, 죽염(소금)이 충치와 잇몸 질환 예방에 효과가 있고, 세균 감소와 입 냄새 제거에도 도움을 준다고 합니다. 소금은 예로부터 염증을 가라앉히는 용도로 사용했는데, 하루 세 번 소금 양치는 입속이나 기관지 염증을 예방해주어 목감기에 잘 걸리는 아이에게 도움이 됩니다.

소금 양치의 최대 장점은 안전성입니다. 소금은 삼켜도 무방하니 양치를 하다 무의식중에 자주 삼키는 아이에게 안심하고 사용할 수 있습니다. 소금 양치 방법은 칫솔을 소금물(죽염수)에 적셔서 사용하거나, 콩알만큼의 소금을 칫솔에 묻혀 사용하면 됩니다.

부모도 아이와 함께 소금 양치를 하면 좋습니다. 처음 소금 양치를 하면 피가 나올 수 있는데, 중지하지 말고 계속하다 보면 일주일쯤 지나 출혈이 멎고 차츰 잇몸의 색이 고와지는 것을 볼 수 있습니다.

# 아이도
# 명상이
# 필요할까

## 아이도 스트레스를 받는다

세상을 마주한 지 얼마 되지 않은 갓난아이에게 이 세상은 온통 새로운 것투성입니다. 낯선 것을 보고 배우면서 즐겁기도 하지만 긴장과 스트레스 또한 적지 않습니다. 그리고 아이는 자기만의 속도로 천천히 세상을 알아가고자 하지만, 부모는 아이가 뭘 하는지 계속해서 묻고 잘하고 있는지 확인하고자 합니다.

아이가 자라 자아가 점점 커지면서 제 목소리를 내고 싶어 합니다. 그러나 이 또한 쉽지 않고 자신의 의지대로 흘러가지 않는 상황에 스트레스를 받습니다. 게다가 유아기는 사회성을 만들어가는 과정이기에 친구와 만나고 관계를 맺는 일 또한 몹시 신경이 쓰입니다. 아이가 성장하며 자연스레 정서적 긴장 상태에 놓이게 되는 것이지요.

그렇다면 아이의 스트레스는 어떻게 풀어줄 수 있을까요? 쳇바퀴처럼 돌아가는 일상에서 벗어나 원래 자신 안에 있는 고요함을 찾게 해주면 됩니다. 바로 명상이지요.

명상은 삶의 조화와 균형을 찾아가는 과정으로, 몸과 마음의 긴장을 풀어 불안과 초조를 편안함으로 바꾸어줄 수 있습니다. 아이가 하던 일을 멈추고 멍때리는 것 또한 아이 안에 있는 생각을 정리하는 명상의 과정이 될 수 있습니다. 이것이 멍한 상태로 쉼을 찾는 최고의 방법입니다.

## 쉼이 곧 명상의 시작

기독교, 불교, 도교 등 많은 종교에서는 아이로부터 배우라고 하고, 아이가 영적 세상을 이해하는 지혜를 가지고 있다고 말합니다. 아이는 이미 영적인 존재입니다. 그래서 부모가 조금만 도와주면 아이는 충분히 깊이 있는 명상을 즐길 수 있고, 큰 효과를 얻을 수 있습니다.

아이와 명상하기 좋은 시간은 언제일까요? 활발하게 뛰어놀고 난 후 휴식을 취할 때 혹은 해 질 무렵, 잠자기 전, 자연 속에 있을 때 등을 들수 있지만, 일상생활을 하면서 그 어느 때라도 가능합니다. 즉, 시간과 공간에 구애받지 않고 언제 어디에서든 마음과 정신의 쉼은 이루어질 수 있고, 쉼이 곧 명상의 시작이라고 할 수 있습니다.

명상은 부자연스럽게 억지로 하기보다는 자연스럽게 하는 것이 중요합니다. 조금만 의식을 깨어 둘러보면 명상할 수 있는 소재를 언제 어디에서든 발견할 수 있습니다. 길을 걷다 문득 노을 지는 하늘을 보거나 아름다운 새소리를 듣게 되면 그 순간이 바로 명상의 시간이 됩니다.

잠자리에서 부모의 심장 소리를 듣거나 아이 손에 부모 몸의 온기가 전해질 때 아이는 편안한 미소를 짓습니다. 이러한 작은 감동이 소리 없이 차곡차곡 쌓여 풍요로운 감성과 따뜻한 마음을 가진 어른으로 성장할 것입니다. 명상을 꾸준하게 하면 아이의 오감을 자극해 감수성을 일깨우고 생명력 넘치는 아이다운 아이로 자랄 수 있습니다.

## 아이와 함께하면 좋은 명상

### •차 마시기

티백이 아닌 잎차를 다기에 우려내어 마셔보세요. 아이가 무척 좋아한답니다. 표일배 같은 간단한 도구를 이용해도 되지만, 전통 다기를 사용하면 차를 내는 과정도 즐길 수 있고 차 맛도 더 좋습니다.

처음에는 부모가 먼저 차를 내는 시범을 보이고 아이에게도 해보게 하세요. 아이가 마시기 좋은 부드럽고 순한 차에는 감잎차, 황차 등이 있습니다. 다기를 사용하지 않고 허브차를 간단하게 마셔도 좋으며, 오미자차, 매실차, 솔잎차, 국화차 같은 계절차도 아이와 명상을 즐기기에 좋습니다.

• 서로의 몸 느끼기

아이와 마주 앉은 상태에서 번갈아 눈을 감고 상대방의 눈, 코, 입 등 얼굴을 더듬으며 천천히 만져보세요. 평소에 눈으로만 보다가 손끝으로  느껴보면 무척 새롭답니다. 서로의 등을 마주 대거나 손바닥, 발바닥을 마주하며 온기와 감촉을 느껴보는 것도 좋아요.

또 누운 상태에서 서로의 심장에 귀를 대고 소리를 들어보세요. 태어나기 전 엄마 배 속에서 수개월간 들었던 심장 소리에 가만히 귀 기울이는 것만으로도 힐링이 됩니다.


• 걷기

천천히 걷는 것만으로도 충분히 명상이 될 수 있습니다. 주변에 대한 호기심이 많은 아이는 처음에는 실외보다는 실내에서 걷기 명상을 시도하면 좋아요. 집 안의 바닥에 선을 표시해두고 아이가 선을 따라 천천히 걷도록 하면 점점 주변에 있는 것들보다 자신의 움직임에 집중하면서 걷는 것 자체를 즐기게 됩니다.

외부로 향하던 시선이 자신 안에 머물면서 걷기를 즐길 수 있다면 이제 밖으로 나가 걷기 명상을 시도해보세요. 자신의 발이 땅에 닿는 느낌, 울퉁불퉁하거나 평평한 땅의 변화, 걸음걸이와 몸의 중심에 집중하며 어느새 고요하게 걷기를 즐기는 아이의 모습을 볼 수 있습니다.

이렇게 걷기에 익숙해지면 이제 아이의 머리 위에 물건을 올려놓고 걷기를 해보세요. 아이가 자주 가지고 노는 물건이면 더 좋고, 콩주머니나 깨지지 않는 그릇을 엎어서 올려놓고 걸을 수도 있습니다.

# 아이와 함께할 수 있는 명상

## 자연 명상

★ 산책 명상

느리게 걷기, 자연의 변화와 계절 느끼기

온몸으로 바람 느끼기

★ 날씨 명상

비 오는 날 우산에 떨어지는 빗소리 듣기

비 온 뒤 맨발로 땅이나 흙 밟아보기

비 오는 숲의 흙 냄새 맡기

★ 소리 명상

새소리, 매미 소리, 풀벌레 소리에 귀 기울이기

소리를 따라가며 새나 매미, 풀벌레가 어디 있는지 찾아보기

★ 멍때리기

달멍(밤하늘 보기)

비멍(베란다에서 빗소리를 들으며 비 내리는 모습 바라보기)

불멍(캠핑에서 장작에 타는 불꽃 보기)

하늘멍(맑은 날 파란 하늘 바라보기)

나무멍, 땅멍, 나뭇잎 사이 햇살멍 등

★ 식물 명상

나무 안아주기

꽃이나 나무 자세히 들여다보고 관찰이 익숙해지면 세밀화 그리기

★ 텃밭 명상

씨앗에 물 주고 난 후 잘 자라도록 두 손 모아 기도하기

## 사람 명상

★ 숨쉬기

누워서 복식호흡하기

★ 서로의 몸 느끼기(164쪽 참고)

★ 온 가족이 함께하는 칭찬 방석

칭찬 방석에 한 사람이 앉고, 다른 사람들은 돌아가며 칭찬 방석에 앉은 사람 칭찬하기

★ 몸짓 놀이나 요가 동작 따라 하기

★ 아로마 오일 마사지하기

인공향이 없는 천연 성분의 오일 사용하기

★ 자기 마음 표현하기

하루 동안 즐거웠던 일, 힘들었던 일 등을 말하기

## 사물 명상

★ 촛불 명상

조명을 끄고 촛불 바라보기, 촛불을 바라보며 이야기 나누기

★ 차 마시기(163쪽 참고)

★ 만다라 색칠하기

캐릭터 그림보다는 만다라 그림이 주는 고요함 느껴보기

# 많이 웃는 아이가 건강하다

## 웃음보따리의 비밀

부모들은 세상에서 가장 듣기 좋은 소리가 내 아이의 웃음소리라고 말합니다. 내 아이가 웃는 모습을 보고 있으면 육아 스트레스가 한순간에 달아나는 마법에 걸리기도 하지요. 실제로 영유아기는 일생에서 가장 많이 웃는 시기이자 가장 많이 웃을 수 있는 시기입니다.

웃음은 카테콜아민이나 엔도르핀을 증가시켜 혈압을 안정시키고 혈액 내 산소 증가, 피부 온도 상승, 근육에 산소 공급, 긴장 완화, 통증 감소, 심혈관 및 호흡기 질환 감소 등의 생리적 효과가 있다고 합니다. 미국의 한 대학교에서는 웃음이 기억력 향상에도 도움이 된다는 연구 결과를 내놓기도 했습니다. 심리학자 윌리엄 제임스는 '행복하기 때문에 웃는 것이 아니라 웃기 때문에 행복한 것이다'라고 말하며 웃음의 정신적 작용을 강조하기도 했지요.

이렇듯 웃음은 몸 건강뿐만 아니라 마음 건강에도 최고의 묘약입니다. 이타미 니로 박사에 따르면, 억지로 웃어도 암세포를 공격하는 NK세포가 활성화된다고 합니다. 그렇다면 손뼉을 치고 발까지 구르며 온몸으로 웃는 최고 웃음인 박장대소는 어떨까요? 바로 정신적, 신체적 건강을 찾게 해주는 최고의 명약이라고 볼 수 있습니다.

## 스트레스도 웃음으로 치유

세상살이가 낯설고 서툰 아이에게 웃음은 아주 중요합니다. 자신이 좋아하는 놀이에 푹 빠져 있는 아이는 완벽한 심리적 몰입 상태에 있다고 볼 수 있으며, 이때 아이는 순수한 즐거움을 경험하면서 웃음을 통해 그 감정을 표현합니다. 이것은 마틴 셀리그먼이 『긍정심리학』에서 말한 '행복'이라는 내면 상태를 지속시켜 행복한 몰입이 최고인 순간에 이르게 된 것이지요.

실제로 아이가 세상과 관계 맺음을 하는 과정에서 부딪히는 스트레스 상황은 불안감을 넘어 면역체계를 흔들어놓기도 합니다. 이러한 과정에서 웃음은 감정적인 고통을 치유하는 주요 정화 과정으로 큰 힘을 발휘합니다. 또한 많이 웃으면 마음이 편안해져 밝은 성격으로 성장할 수 있어 아이가 만나는 사람들과의 관계를 유연하게 만들어주기도 합니다.

아이가 많이 웃는다는 것은 몸과 마음이 편안하다는 의미이며, 이것은 곧 건강한 아이라는 증거입니다.

## 웃는 부모, 웃는 아이

웃음은 모두를 행복하게 만들어주는 마력을 지니고 있지만, 무엇보다 자신에게 가장 좋습니다. 특히 아이에게 웃음은 세상을 긍정적으로 만날 수 있는 힘을 주며, 웃음을 통해 위기 상황을 지혜롭게 대처할 수도 있지요. 어떻게 하면 우리 아이가 더 많이 웃을 수 있을까요?

일반적으로 어른은 하루에 10회 정도 웃지만 아이는 300회 이상 웃는다고 합니다. 아이는 언제든 웃을 준비가 되어 있다는 말이지요.

먼저 부모가 항상 웃는 얼굴로 아이를 대하면 어떨까요? 그리고 아이와의 관계에서 웃음을 유발할 수 있는 상황을 만들어보세요. 웃음이 함께하는 유머나 유쾌한 장난으로 집안 분위기를 바꾸어볼 수 있습니다. 때론 우스꽝스러운 표정과 어설픈 행동으로 아이를 웃겨주고 생활 속에서 재치 있는 유머를 발휘해보세요.

가족들이 거울 앞에 서서 웃는 연습을 해보는 것도 좋습니다. 서로 마주 보고 웃기 또는 먼저 웃지 않기 게임 같은 것을 하다 보면 웃음이 저절로 나올 것입니다. 웃는 부모에게 웃는 아이가 있다는 사실은 우리 모두가 아는 진리입니다.

# 4장

# 일상

안전한 환경에서 생활하는 아이

아이의 일상생활은 아이 삶의 토대입니다.
어린 시절 안전한 생활공간에서 형성된 건강한
생활습관은 삶의 든든한 버팀목이 됩니다.

# 잘 먹고,
# 잘 누고,
# 잘 자는 아이

## 오늘, 아이의 하루는 어땠나요?

아이의 하루는 어른의 눈에는 매일 비슷한 일상이지만 순간순간 새로움으로 가득 차 있습니다. 아이에게 일상은 온통 낯설고 새롭고 신기한 것들이고, 그래서 아이 안에서는 매 순간 수많은 배움과 변화가 일어나고 있습니다.

그런 아이에게 어린이집(혹은 유치원)에서 오늘은 무엇을 배웠는지, 숫자 세기는 이제 좀 되는지, 영어는 얼마나 늘었는지 등을 물어보고 있지는 않나요? 아이의 하루를 돌아볼 때 아이가 배우고 익힌 인지적인 면보다 하루의 리듬을 잘 이어가고 있는지를 살펴보는 게 좋습니다. 즉, 적당한 시간에 자고 일어나는지, 음식을 골고루 맛있게 잘 먹는지, 얼마나 재미있게 노는지 등 매일 반복되는 아이의 일상에 주목하는 것이지요.

## 자연의 리듬에 따르는 생활

아이가 밤늦게까지 불이 환하게 켜진 방에서 책을 읽거나 놀이를 하고, TV나 게임에 빠져 있지는 않나요? 신체 리듬이 밤낮의 주기와 일치하도록 조절하는 생체 호르몬이 멜라토닌입니다. 멜라토닌은 어두운 밤에 밝은 빛이 혈관에 투과될 때 분비량이 줄어듭니다.

아이가 늦은 밤까지 밝은 빛에 반복하여 노출되면 멜라토닌이 줄어들고 생체 리듬은 흐트러지게 됩니다. 어릴 때부터 생체 리듬이 흐트러지면 생활 리듬이 깨지면서 아이의 성장을 방해할 수 있습니다.

아침이 밝아오면 일어나고 때 되면 밥을 먹고 어두워지면 잠을 자는 리듬은 어른의 시선에서는 그저 평범한 일상이지만 아이에게는 어린 시기에 익혀야 하는 아주 중요한 과업입니다. 아이는 매일 반복되는 자연스러운 생활을 통해 밤과 낮을 구분하고, 이러한 자연의 리듬이 아이에게는 곧 생체 리듬과 생활 리듬이 됩니다. 안정된 생활 리듬은 이후 성인이 되어서도 건강한 몸과 마음의 토대가 되므로 어릴 때 제대로 형성하는 것이 무엇보다 중요합니다.

## 전통 육아가 답이다

자연의 리듬에 맞춰서 아이를 돌보는 일은 오래된 미래인 전통 육아에서 그 지혜를 찾아볼 수 있습니다. 전통 육아에서는 아이가 자연과 가까이 지내며 마음껏 뛰어놀 수 있는 환경과 몸의 자유를 줍니다. 먹고 자는 일 외에는 그 어떤 것도 강요하지 않고, 아이가 가진 특성을 있는 그대로 난 절대로 인정하고 존중했습니다. 무엇보다 아이의 생체 리듬에 맞춘 자연스러운 일상을 강조하기에 생활 리듬도 자연스럽게 만들어지게 됩니다.

몇 년 전 외국에서도 화제가 되었던 '포대기 육아'에서 볼 수 있듯이, 우리의 전통 육아는 아이를 품어서 기르는 삶의 문화가 고스란히 담겨 있습니다. 아이를 더 자주 더 오래 안아주고 교감하면서 아이에게 심리적인 안정감을 줍니다.

이렇게 전통 육아의 지혜를 바탕으로 편안한 마음으로 그저 잘 먹고, 잘 누고, 잘 놀고, 잘 자는 아이가 될 수 있도록 해주세요. 규칙적인 식사, 수면, 움직임과 같은 생활습관은 아이의 면역력을 높이는 데도 중요합니다. 즉, 제대로 먹고, 바르게 자고, 마음껏 노는 아이라면 황금 똥을 누는 건강한 아이로 자랄 수 있습니다.

# 실내 생활,
# 안녕한가요

## 햇살 가득한 우리 집

　채광은 집을 고르는 중요한 기준 중 하나입니다. 채광이 좋으면 해가 지기 전까지 집 안에 조명을 켤 필요 없이 밝은 분위기를 유지할 수 있으며, 살균 및 소독의 효과가 있어 청결과 위생에도 도움을 줍니다. 그리고 채광을 통해 실내 습도 조절이 가능하며, 겨울에는 난방 효과가 있어 경제적 이점도 있지요. 식물의 성장과 신진대사를 촉진함으로써 건강한 삶을 누리는 데도 도움이 됩니다. 뿐만 아니라 햇빛은 행복감을 느끼게 하는 세로토닌의 분비를 증가시키므로 집 안에 햇살이 환하게 들어오는 순간 느끼는 따스함은 정서적인 안정과 만족으로 이어집니다.

　이처럼 햇빛이 주는 이점이 많습니다. 따라서 우리 집에 해가 가장 잘 드는 시간을 파악하여 그때만큼은 커튼이나 블라인드를 활짝 걷고 집 안에 햇살이 가득 들어오게 하는 것은 어떨까요? 쏟아지는 햇살 아래에서 가족들이 얼굴을 마주하고 도란도란 이야기를 주고받는다면 분명 아이에게 행복감과 따뜻한 정서를 심어줄 것입니다.

## 집도 숨을 쉬어야 한다

환기의 중요성은 알고 있지만 매일 실천하기란 쉽지 않습니다. 여름과 겨울에는 냉난방을 위해 하루 종일 창이나 문을 닫고 지냅니다. 미세먼지가 많은 날에도 성능 좋은 공기청정기만 믿고 문을 꼭꼭 닫은 채 생활하는 집도 꽤 있습니다. 심지어 미세먼지나 황사가 없는 날도 하루 종일 창문을 닫고 생활하는 경우도 있지요. 그렇게 되면 공기가 순환되지 않고, 건조하고 더러운 공기가 실내에 쌓여 결국 가족 모두의 건강에 해로울 수밖에 없습니다.

또한 환기가 되지 않는 실내에 오랜 시간 있으면 집중력 저하, 어지러움, 두통, 만성피로 등의 문제가 생길 수 있고, 세균이나 집먼지 진드기가 잘 서식할 수 있는 환경으로 변하여 호흡기 질환이나 피부 질환 등을 유발할 수 있습니다.

특히 밀폐된 공간에서 음식을 조리하면 초미세먼지와 휘발성 유기화합물 등 유해 물질 농도가 최고 70배까지 올라갑니다. 게다가 오염 물질은 조리 후에도 실내에 남아 있습니다. 따라서 조리 후에는 반드시 30분 이상 환기하는 것을 잊지 마세요.

그 외에도 새로 구입한 가구, 플라스틱 장난감이나 생활용품, 드라이

클리닝한 옷, 외출 시 입은 옷 등 생활환경 속에서 자연스레 노출되는 미세먼지, 라돈, 이산화탄소, 휘발성 유기화합물 등에 대해서도 대비해야 합니다. 이런 유해 성분이 실외로 배출되지 않고 실내에 쌓이면 아이의 호흡기로 들어가 건강을 해칠 수 있기 때문이지요. 오늘부터 창문을 활짝 열어 우리 집도 숨을 쉬게 해주세요.

## 우리 집 공기 이렇게 관리해보자

집에서 실천해야 할 건강 수칙 중 하나가 바로 주기적인 환기로 집 안 공기를 순환시키는 것입니다. 환기하기 가장 좋은 시간대는 대기 이동이 활발한 오전 9시에서 오후 6시로, 이때 하루 세 번씩 환기를 해주면 좋습니다. 또한 주기적인 청소는 필수! 분무기로 물을 뿌려 공기 중 떠도는 미세먼지를 가라앉히고 물걸레로 닦아내면 먼지가 날리는 것을 어느 정도 방지할 수 있습니다. 외부 미세먼지가 가장 많이 유입되는 창문 역시 꼼꼼하게 닦아야 하는데, 물과 식초를 1:1 비율로 섞은 뒤 창문에 뿌리고 마른 헝겊이나 신문지로 닦아냅니다.

그리고 좋은 공기에서 아이가 건강하게 지냈으면 하는 바람이 있다면 좀 더 자연에 가까운 방법을 찾을 수도 있습니다. 생활 공간이 너무 건조할 때는 숯, 솔방울 등을 이용한 자연 가습기를 활용할 수 있고, 삼베 봉투에 대나무 숯을 넣어 사용하면 냄새 제거 및 공기 중의 독소 제거에 놀라운 효과가 있습니다. 또한 대기 속 폼알데하이드, 암모니아 등의 나쁜 물질을 없애는 기능이 있는 스투키, 아레카야자와 같은 공기 정화 식물들을 두면 보다 상쾌한 공기와 함께 기분 전환, 인테리어 효과까지 동시에 얻을 수 있겠지요.

## 미세먼지가 심한 날도 환기를 해야 할까?

Q 눈으로 봤을 때 대기가 심하게 뿌옇거나, 미세먼지 수치가 '매우 나쁨' 수준일 때도 환기를 해야 하나요?

A 한국실내환경학회(2018)에 따르면, 바깥 미세먼지 농도가 짙은 날에도 하루 세 번 이상 환기하는 게 좋다고 합니다. 미세먼지 외에도 실내에서는 라돈이나 폼알데하이드와 같은 다른 오염물질이 축적되면서 실내공기가 오염되기 때문이지요. 다만, 미세먼지가 심하면 1~3분 정도 짧은 시간 동안 자연 환기를 하는 게 좋고, 기계식 환기장치(공기청정기)가 있다면 자주 활용하는 것이 좋다고 합니다.

# 아이가
# 지내는 공간은
# 안전할까

## 아이를 살리는 집

부모가 되면 배 속 아이를 만날 날을 손꼽아 기다리며 아이방을 꾸미거나, 또 아이가 점점 자라면 그때마다 아이에게 최적화된 공간을 마련해주기 위해 애씁니다. 핑크색 침대에 캐노피를 달기도 하고, 공룡 벽지를 선택하여 아이의 취향을 존중해주거나 창의성을 기대하며 초록색의 컬러 세러피(color therapy)를 활용하는 등 벽지, 가구, 소품 하나하나에 많은 노력과 정성을 쏟지요. 그런데 그렇게 애써 만든 공간이 과연 내 아이에게 안전할까요?

2018년 세간을 떠들썩하게 했던 라돈 침대 사태나 가습기 살균제 사망 사건과 같이 생활 속 가구나 제품들에 유해 성분이 포함되어 있다는 보도를 접하면, '우리 집에 있는 가구나 제품들은 안전한가?'라는 의구심을 갖게 됩니다. 더구나 우리나라 육아 문화에서는 아이가 생활하는 공간이 아이방에 한정되지 않고 집 안 전체가 되곤 합니다. 그러므로 아이 방뿐만 아니라 집 안 곳곳에 놓일 가구나 물건을 선택할 때도 디자인이나 가성비 못지않게 아이에게 얼마나 안전한지를 반드시 고려해야 합니다.

현대인은 의식주 생활의 이상적인 기준을 외형적이고 물질적인 측면, 즉 눈에 보이는 부분으로 두고 이를 보다 중요하게 여기곤 합니다. 하지만 먹고 입고 자는 일상의 소소한 삶의 바탕이 되는 집은 사람을 살리는 '살림집'으로 꾸며져야 합니다. 화려한 인테리어, 어느 집에나 있을 법한 국민 아이템으로 가득가득 채워진 공간이 아니라 우리 가족 모두가 건강하게 생활할 수 있고, 아이나 어른 모두 편안함을 느낄 수 있는 공간이어야 하는 것이지요. 화려하게 꾸며진 공간은 잠깐의 기쁨과 만족감을 줄 수 있지만, 안전과 편안함을 최우선으로 둔 공간은 우리 가족에게 건강과 더불어 지속적인 행복을 선물할 테니까요.

## 거실을 아이 중심 공간으로

영유아기 아이가 혼자 보내는 시간은 그렇게 길지 않을뿐더러 자신의 방이 있더라도 혼자 놀기보다는 부모와 함께 있기를 원합니다. 그런 아이에게 "너는 네 방에 가서 놀아라"라는 말 자체가 아이의 마음을 힘들게 할 수 있습니다.

아이는 가족과 함께 공동생활 공간인 거실에서 대부분의 시간을 보내기에, 이 공간을 아이를 중심에 두고 고민할 필요가 있습니다. 가족 구성원의 개별 욕구는 각자의 공간을 마련하여 채울 수 있도록 하고, 공동생활 공간은 가족이 함께 놀이하고 교감하기 위한 공간으로 구성해보는 건 어떨까요?

이를 위해 공동생활 공간에는 꼭 필요한 것만 두고 가능한 한 비우고 또 비워주세요. 예를 들어 거실에 있는 TV나 소파를 아이의 안전과 놀이를 위해 과감하게 없애는 것도 좋은 방법입니다. 이렇게 아이가 넓은 공간에서 마음껏 놀이를 즐길 수 있도록 가족들이 머리를 맞대고 아이디어를 모아보세요.

# 생활공간 속 독성 물질

### • 플라스틱 장난감

플라스틱을 부드럽게 해주는 성분인 프탈레이트는 몸의 내분비계에 교란을 일으켜 유전적 돌연변이를 불러옵니다.

### • 학용품

화려한 색깔의 학용품은 대부분 중금속 물질인 납, 카드뮴, 크롬 등을 포함한 안료나 페인트로 덧입혀져 있습니다. 이런 물질은 아이의 피부를 자극해 피부병을 일으키며, 지능이나 신경계통 발달을 방해하고 지연시킵니다.

### • 카펫

카펫은 미생물의 천국입니다. 카펫 섬유에는 곰팡이, 먼지, 세균, 기타 알레르기를 유발하는 미생물이 숨어 있지요. 따라서 카펫을 사용하고자 한다면 양모, 면, 황마, 사이잘 마, 갈대, 해초, 야자섬유와 같이 천연섬유 제품을 선택합니다.

### • 벽지

실크벽지는 합성수지로 만들고, 벽지를 바를 때 사용하는 화학접착제에도 벤젠, 폼알데하이드, 톨루엔, 자일렌, 스틸렌 등의 독성 물질이 포함되어 있습니다.

### • 방향제, 탈취제

방향제나 탈취제에 함유된 프탈레이트는 내분비계 교란 물질로 장시간 노출되면 어린아이의 발달장애와 성호르몬 장애를 유발하고 이후 불임의 원인이 되기도 합니다.

# 잠만
## 잘 자도
### 건강하다

## 잠자는 동안 무슨 일이?

숙면은 남녀노소 누구에게나 중요하지만 특히 영유아기의 수면은 몸과 마음의 건강을 위해 매우 중요합니다. 성장기 아이의 키와 체형, 성격, 뇌 발달 등이 수면과 깊은 관련이 있으니까요. 영유아기에 길러야 할 습관 중에서 가장 중요한 것 중 하나가 바로 수면 습관입니다.

잠을 자면서 우리의 몸은 손상된 세포를 재생하고 몸에 쌓인 노폐물을 배출하고 호르몬의 균형을 맞추어가며 생명 에너지를 회복합니다. 또한 낮에 해소하지 못한 욕구나 감정, 긴장과 스트레스를 꿈을 통해 표출하거나 이완하며 정서를 안정시킵니다. 그뿐 아니라 단기 기억을 장기 기억으로 전환하여 경험과 배움을 진정한 자신의 것으로 만드는 시간이기도 합니다.

# 내 아이, 잘 자고 있을까?

아이가 몇 시부터 자는지, 자다가 자주 깨는지, 수면 시간은 적당한지, 자지 않으려고 하지는 않는지 등 수면 상태를 주의 깊게 살펴보아야합니다. 건강한 수면을 위해 다음의 몇 가지 사항을 살펴보세요.

### • 정해진 시간에 자기

아이가 수면에서 일정한 리듬을 갖도록 하는 것이 좋습니다. 아이가졸리거나 피곤할 때까지 놀다가 자는 것이 아니라, 매일 정해진 시간이 되면 잠을 잘 수 있는 분위기를 만들어주세요.

### • 저녁 9시에는 잠자리에 들기

밤 10시에서 새벽 3시 사이에 성장 호르몬이 왕성하게 분비됩니다. 일찍 자는 아이일수록 총 수면 시간이 더 길다고 하니 수면이 부족하지 않도록 일찍 재우는 것이 좋아요(연구[5]에 따르면, 아이가 일찍 잠들수록 수면양이 길어지는데, 한 시간 일찍 잘 때마다 약 34분가량 더 길게 잤다). 그리고수면 부족 증상이 있을 때 성인은 하품하고 힘이 빠지지만, 아이는 더 흥분하는 경향이 있습니다.

---

5 Elizabeth L. Adams, Jennifer S. Savage, Lindsay Master, Orfeu M. Buxton, "Time for bed! Earlier sleep onset is associated with longer nighttime sleep duration during infancy", Sleep Medicine 73, September 2020, pp.238-245.

## • 조명 끄기

야간 조명을 켜놓은 환경에서는 아이가 근시가 될 확률이 높다는 연구 결과가 있습니다. 잠자는 동안에는 약한 불빛에도 시력 저하로 이어질 수 있으니, 창밖에서 가로등이나 자동차 불빛이 들어오지 않도록 커튼을 치는 것이 좋습니다.

## • 잠자기 전 의례

잠자기 직전은 아이와 부모가 마음을 나눌 수 있는 가장 좋은 시간입니다. 아이와 함께 이부자리를 준비하고 아이가 좋아하는 인형이나 베개, 그림책 등을 챙깁니다. 그리고 잠자리에서는 아이와 스킨십을 하고, 오늘 있었던 일을 이야기하거나 옛이야기를 들려주고, 그림책을 읽어줍니다. 행복한 잠자리는 아이의 몸과 마음의 건강은 물론 이후의 생애까지 큰 도움이 됩니다.

## • 부모와 곁잠 자기

잠자리 독립은 천천히 시도하세요. 아이와 부모가 다른 침대를 사용하거나 각자의 방에서 자고, 혹은 부모는 침대에서 아이는 혼자 바닥에서 자기보다는 가족 모두가 함께 잘 수 있는 방바닥 잠자리 또는 저상형 가족 침대를 사용해보세요.

아이는 잠자는 동안 무의식중에 부모가 곁에 있는지 확인하며 숙면을 취합니다. 부모가 같이 자면, 아이가 자다 깨더라도 즉각 옆에서 토닥토닥할 수 있어 금세 다시 잠들 수 있습니다. 아이가 부모와 따로 잘 수 있는 준비가 충분히 된 이후에 아이의 의사를 존중하면서 잠자리 독립을 하세요. 초등학교 고학년 이후에 해도 늦지 않습니다.

아이가 수면의 질이 낮다면 다음 사항을 점검해보세요.

### • 하루 한 시간 이상 바깥 놀이 하기

숙면을 조절하는 멜라토닌 호르몬은 햇빛을 받을 때 활성화됩니다. 매일 최소 하루 한 시간 이상 햇빛을 받으며 뛰어놀면 잠을 깊이 자는 데 큰 도움이 됩니다.

### • 잠들기 전 음식 먹지 않기

아이가 밤 9시에 잔다면, 저녁 7시 이전에 식사를 마치는 것이 좋습니다. 저녁에 과식하거나 잠자기 직전에 음식을 많이 먹으면 수면 중에도 소화 기능이 지속되고, 그 과정에서 유해 산소와 독소가 생겨 수면을 방해합니다.

### • 잠들기 최소 한 시간 전에는 미디어 보지 않기

TV나 전자기기의 밝은 빛을 접하면 두뇌는 무의식적으로 밤이 아닌 낮으로 인식하면서 수면이 방해를 받습니다.

수면 패턴은 아이의 성격만큼 다양합니다. 따라서 일찍 자기 등과 같이 꼭 지켜야 할 사항이 아니라면 아이의 특성에 맞게 유연하게 대처하는 편이 좋습니다.

혼자 자기 힘들어하거나 부모 몸을 만지면서 자려고 하고, 인형이나 베개 같은 특정 물건이 있어야 하고, 잠투정이 심한 경우 등 잠자리 습관은 다양합니다.

수면과 관련하여 아이가 힘들어 한다면 원인을 파악하여 해결해줄 필요는 있지만, 다른 아이들과 비교하기보다는 내 아이의 욕구를 충분히 받아주면서 우리 집의 편안하고 행복한 잠자리 문화를 만들어보세요.

## 낮잠 효과

세 돌만 지나도 낮잠이 없어지는 아이도 있지만, 취학 전까지는 적당한 낮잠이 필요합니다. 낮잠을 자지 않는다면, 잠깐 누워 휴식을 취하는 것만으로도 낮잠 효과가 있습니다. 아이는 낮잠을 통해 근육과 척추가 이완되고 혈액순환이 원활해지며 뇌와 눈이 쉴 수 있습니다. 아이가 낮잠을 자지 않았던 날은 평소보다 밤에 더 뒤척이고 칭얼댈 거예요. 신나게 놀고 난 후 편안한 안정을 취할 수 있는 들숨과 날숨의 리듬이 아이에게 꼭 필요합니다.

# 미디어,
# 이대로
# 괜찮을까

## 아이에게 미디어를 내어주는 순간 일어나는 일들

바야흐로 손가락 하나로 아이를 키우는 세상이 되었습니다. 스마트폰으로 검색하여 아이가 먹을 것, 입을 것, 놀 것을 사고 아이와 함께 갈 여행지도 정합니다. 어디 그뿐인가요? 우는 아이도 언제 그랬느냐는 듯이 달래주고, 어쩌다 하는 외식에 부모가 마음 편히 밥 먹을 수 있게 도와주기도 합니다. 그래서 부모와 아이 모두 손에서 미디어 기기를 놓지 못합니다. 하지만 평화도 잠시, '이렇게 계속 보여줘도 되나?' 하는 마음이 자꾸만 생깁니다.

스마트폰 혹은 TV와 씨름하며 부모가 가장 걱정하는 부분은 바로 시력, 거북목 등의 건강(신체)에 관한 것과 더불어 그 재미에 빠져 학습을 소홀히 하지나 않을까 하는 것입니다. 하지만 더욱 주목해야 할 부분은 미디어 노출이 아이의 뇌 발달에도 심각한 영향을 미친다는 사실입니다.

놀이미디어교육센터 권장희 소장에 따르면, 인간의 학습 과정에는 입력과 분류, 출력의 3단계가 있는데, 미디어는 일방적으로 정보를 송출하기 때문에 아이가 생각하고 판단하여 분류하고 출력할 겨를도 없이 입력단계에서만 그치게 된다고 합니다. 아이에게 정말 필요한 '생각하는 힘'을 잃게 되는 것이지요. 생각하는 힘은 고도의 정신 기능을 하는 전두엽이 활동해야 길러지는데, 미디어를 가만히 보고 있는 순간에는 전두엽이 활성화되지 않습니다. 또한 3세부터 13세 사이에는 뇌세포를 연결하는 시냅스의 발달이 활발해지는데, 이때 게임에 대한 시냅스가 형성된다면 자주 사용하는 시냅스는 더욱 공고해질 수밖에 없습니다. 그렇게 되면 아이 뇌 속에는 쓰나미가 와도 무너지지 않는 튼튼한 오락실이 지어지고 있는 것이라고 생각하면 됩니다.

## 더욱 심각한 문제는

초등학생이 게임으로 운전하는 것을 배웠다며 부모 차를 몰래 운전하다 사고를 낸 사건이 있었습니다. 게임 중독과 관련된 잔혹 범죄도 심심찮게 마주합니다. 게임 중독에 의한 사건의 근본 원인을 살펴보면, 현실 세계와 가상 세계를 구분하지 못하여 일어난다는 것입니다.

아이는 자신의 두 발을 딛고 온 감각으로 자신을 둘러싼 세계를 느끼며, '지금 여기'에서의 즐겁고 다양한 경험을 통해 생각을 펼치고 배워가야 합니다. 그러므로 아직 현실 세계와 가상 세계가 정확하게 구분되지 않는 영유아기 아이들에게 스마트폰이나 미디어에 장시간 노출시키는 것은 청소년이나 성인보다 훨씬 부작용이 크고 위험합니다. 더욱이 3차원 가상 세계인 메타버스의 상용화가 눈앞에 다가온 시점에서 아이가 갖추어야 할 현실 감각은 더욱 중요해질 것입니다.

아이가 스마트폰이나 TV와 멀어지도록 가장 힘을 쏟아야 하는 사람은 바로 부모입니다. 지난 수십 년간 두뇌 과학이 밝혀낸 가장 흥미로운 사실 중 하나가 거울 뉴런입니다. '아이는 부모를 비추는 거울'입니다. 부모가 하루 종일 TV를 보거나 스마트폰을 손에서 놓지 않고 웹서핑을 즐긴다면, 결코 아이는 미디어와 멀어질 수 없습니다.

# 교육용 미디어는 괜찮을까?

요즘 육아에서 빠지지 않는 것이 말하는 펜입니다. 갖다 대기만 해도 재미있는 동화와 노래를 들려주기 때문에 엄마는 육아에서 해방되고, 아이도 즉각적인 자극에 흥미를 느끼게 됩니다. 그리고 각종 교육용 미디어는 아이도 좋아하고, 학습도 되기 때문에 부모가 선호합니다.

하지만 이러한 교육용 미디어가 내 아이와 의미 있게 소통할 수 있을까요? 그렇지 않습니다. 교육용 미디어는 그저 준비된 학습 내용과 일방적인 반응만 되돌려줄 뿐입니다. 내 아이의 혼잣말과 호기심 어린 눈빛에 즉각적으로 반응할 수 있는 존재는 바로 부모입니다.

### 그렇다면 아이에게 언제 처음 미디어를 접하게 하면 좋을까요?

아무리 괜찮은 콘텐츠의 미디어라 할지라도 미디어 자체에서 뿜어져나오는 강렬한 빛과 소리는 성장기 영유아에게 매우 좋지 않습니다. 어릴 때부터 미디어의 강렬하고 자극적인 소리에 노출된 아이는 사람 소리에 반응이 둔하고, 미디어의 화려하고 강한 빛에 많이 노출된 아이는 책이 주는 밋밋한 자극에 반응하기 어렵습니다. 따라서 미디어는 최대한 늦게 접하게 하는 것이 좋습니다. 최소한 자기 절제력이 생기는 시기인 초등학생 이후에 '미디어 과의존 예방 교육'을 병행하면서 미디어를 만나게 해준다면 좋겠지요.

♥ 추천 도서

# 아이 몸이
# 좋아하는 옷

## 머리부터 발끝까지 사랑스러워

내 아이를 보면서 하루에도 몇 번씩 어쩜 이리도 사랑스러울까라며 감탄하게 됩니다. 아이는 존재 자체만으로도 귀하고 사랑스럽지요. 그런데 요즘 영유아기 아이들을 보면 편안하고 자연스러운 모습보다는 부모의 취향에 맞추어 귀엽고 예쁘게, 혹은 패셔니스타 못지않게 꾸며진 것을 볼 수 있습니다. 아이의 머리에는 유행하는 모자가 씌워져 있거나 여자아이들은 각종 헤어핀에 머리카락은 머릿밑이 당기도록 세게 묶여 있습니다.

이렇게 부모가 아이를 꾸미기 시작하면 아이 역시 유행하는 캐릭터 옷을 밤낮 가리지 않고 입으려 하거나, 각종 액세서리를 몸에 달고 다니기도 합니다. 혹시 내 아이가 걷기도 불편한 신발을 신는 아이, 예쁜 옷이 망가질까 놀지 못하는 아이, 불편한 잠옷으로 잠을 깊게 자지 못하는 아이, 몸을 조이는 옷 때문에 마음껏 먹고 놀기 힘든 아이로 자라고 있지는 않나요?

## 머리카락부터 발가락까지 괴로워

아이 옷은 외부 자극으로부터 아이를 보호하기 위한 목적이 우선입니다. 따라서 아이 몸을 따뜻하게 보호하면서 활동하기 편한 옷이어야 합니다. 스키니진, 레깅스, 스타킹처럼 몸에 꼭 맞는 옷은 '끼는 바지 증후군(TPS, tight-pants syndrome)'의 위험이 생길 수 있습니다. 대한산부인과의사회 자궁경부암 연구회의 한 위원은 끼는 옷을 오래 입으면 신경 압박과 저림을 비롯하여 소화 장애, 피부염, 질염 등이 발병하기 쉬우며, 이후 임신과 출산에도 문제가 생길 수 있다고 말했습니다.

아이들이 좋아하는 구두, 슬리퍼, 스니커즈, 젤리슈즈, 겨울 부츠 등도 아이의 발 건강에 매우 해롭습니다. 우리나라 인구의 10~20퍼센트가 갖고 있을 정도로 흔한 하지정맥류는 잘못된 신발이 원인입니다. 고려대 안암병원 흉부외과 이성호 교수는 건강을 위해서는 공기가 잘 통하고 발목 움직임이 편한 신발을 신어야 한다고 주장했습니다. 혹시 아이가 빨리 큰다는 이유로 발보다 훨씬 큰 신발을 사주지는 않나요? 활동적인 아이가 너무 큰 신발을 신으면 발가락이 변형되는 외반모지에 걸릴 위험이 있습니다.

## 자연 소재의 헐렁한 옷으로 자유롭게

어릴 때부터 올바른 의(衣)생활 습관을 기른다면 아이는 환경 변화에 따른 조절 능력이 발달하고 체력도 키울 수 있습니다. 올바른 의생활이란 어른의 눈에 예뻐 보이는 옷이 아닌 아이의 몸이 좋아하는 옷을 입는 것입니다. 이름만 들어도 아는 브랜드나 어른 옷을 흉내 낸 미니 사이즈 기성복은 결코 좋은 옷이 될 수 없습니다. 아이에게 최고의 옷은 마음껏 뛰어놀 수 있는, 움직임이 자유로운 헐렁한 옷입니다.

아이의 의생활에서 속옷 또한 중요합니다. 속옷은 더위와 추위로부터 체온을 조절하는 역할을 하고, 겉옷이 살갗에 닿을 때 생기는 불편함을 줄여줍니다. 아이의 속옷 입기는 선택이 아닌 필수입니다. 장이 좋지 않고 배탈이 잦은 아이는 배를 따뜻하게 하기 위해, 여자아이는 자궁을 보호하기 위해 어릴 적부터 속옷을 입는 습관을 기르는 것이 좋습니다. 덧붙여 속옷은 피부에 닿으므로, 화려한 캐릭터나 알록달록한 색을 내기 위해 화학성분을 사용한 속옷은 피하도록 합니다.

날씨가 추워지면 아이에게 두꺼운 옷을 입혀 걷기도 힘들게 하고 있지는 않나요? 일본의 한 유치원에서는 아이들이 겨울에도 반소매 옷을 입고 맨발로 달리기를 한다고 합니다. 그 이유는 겨울에 옷을 얇게 입으면 체온 유지를 위해 체내에 축적된 에너지원을 이용해 몸이 더 적극적으로 열을 생성시킬 수 있기 때문이라고 합니다. 결국 날씨에 어울리는 옷 입기는 체온 조절 기능과 견디는 힘을 강화해 비만을 예방하고 면역력을 높입니다.

아이 옷을 살 때는 소재를 잘 살펴보는 것도 중요합니다. 자연 소재가 좋습니다. 자연 소재의 옷은 공기층이 있어 피부와 같이 숨을 쉴 수 있고 땀을 흡수해서 체온을 일정하게 유지해줄 뿐만 아니라 피부에도 자극을 주지 않습니다. 화학성분을 사용하지 않고 가공을 많이 하지 않은 자연 소재의 옷은 몸에 달라붙지 않습니다. 그래서 자연 소재의 옷은 활동하기 편하고 땀 흡수가 잘 되어 아이에게 자유로움과 편안함을 주지요. 아이와 스킨십을 많이 하는 부모라면 아이에게 자극을 주지 않는 자연 소재의 옷을 입어보세요.

# 아이의
# 피부를
# 지켜라

## 세상에서 가장 향기로운 아이 냄새

부모로서 힘들었던 하루는 아이의 살 냄새와 부드러운 살결을 느끼면서 경이롭고 행복한 순간으로 바뀌곤 합니다. 그런데 언젠가부터 아이가 가진 진짜 냄새는 사라지고 진한 샴푸 향과 바디로션 향이 아이 냄새가 되었습니다.

아이들이 바르는 화장품의 종류도 매우 다양하고 세분화되어 있습니다. 게다가 부모들 사이에는 아이가 좋아한다는 이유로 뷰티체험 키즈카페로 데려가 아이에게 어린이용 화장품과 마스크팩, 키즈용 쿠션, 블러서, 립스틱까지 풀 코스로 체험하게 하는 것이 유행처럼 번지고 있다고 합니다.

어른들의 미용 생활을 흉내 내는 아이들과 그것을 귀엽게만 여겨 오히려 부추기는 어른들 속에서 우리 아이의 피부 건강은 과연 괜찮을까요?

# 바르면 바를수록 나빠지는 아이의 피부

아이를 위한 화장품은 어떤 기준으로 선택하고 있나요? 국내에 유통되는 화장품 관련 화학물질 5만여 종 중 유해성 정보가 확인된 제품은 25퍼센트에 불과하다는 뉴스를 본 적이 있습니다. 75퍼센트 이상이 안전 정보 없이 사용되고 있는 것이지요. 식품의약품안전처에서는 2016년부터 화장품에 대한 기준을 마련하였고, 2020년에 되어서야 화장품법에 따라 영유아 또는 어린이 사용 화장품의 안전성 자료 등에 대한 지침을 제정했습니다. 하지만 이미 가공된 성분이 포함될 경우에는 완제품에 유해 성분이 표기되지 않을 가능성이 있습니다.

아이는 바르고 씻는 과정에서 샴푸나 화장품이 자연스럽게 입에 들어가기도 하고, 각종 유해 물질이 부드러운 피부에 흡수되기도 합니다. 인공 방부제로 알려진 파라벤은 화장품의 소재로 사용되는데, 일단 몸에 들어오면 배출이 잘 되지 않아 내장기관이나 근육 등에 쌓여 생식기능에 영향을 미치고 피부염, 소화기 및 호흡기에 독성을 일으킬 수 있습니다. 한 피부과 의사는 특히 아이에게 파라벤이 해로울 수 있으며, 유방암과 조기 사춘기의 위험을 증가시킬 수 있다고 말했습니다.

크림이나 로션에 들어가는 보습제인 프로필렌글리콜, 폴리에틸렌글리콜 같은 성분은 지각 이상, 간장 및 신장 장애를 유발하며 발암을 촉진한다고 보고된 바 있습니다. 특히 자외선 차단제에 들어가는 하라아미노벤조산은 유해 광선뿐만 아니라 우리 몸에 좋은 햇빛까지 차단해버립니다.

아이가 화장 놀이를 즐긴다면, 사용하는 제품들을 눈여겨보세요. 영유아기의 발달 특성상 성인을 흉내 내고자 하는 행동은 자연스러운 모습입니다. 하지만 성장기에 나타나는 자연스러운 행동이 지나쳐 아이의 건강을 해칠 수도 있습니다. 마트에서 파는 어린이 화장품은 그저 장난감일 뿐입니다. 장난감 화장품에서 가려움이나 따가움을 유발할 수 있는 타르색소, 건강에 치명적인 중금속이 검출된 적도 있어 부모가 더욱 주의를 기울여야 합니다.

## 숨 쉬는 피부로 만들려면

아이의 몸은 스스로 재생할 수 있는 자생력을 가지고 있습니다. 아이의 피부는 숨을 쉬고 싶어 합니다. 피부에 페인트칠하듯 바르는 강한 성분의 자외선 차단제도 위험할 수 있습니다. 강한 자외선에 아이의 건강이 걱정된다면, 피부에 유해하지 않은 자연 성분의 자외선 차단제와 함께 얇은 긴 옷과 모자를 이용해보세요. 국민건강보험 일산병원에서는 비타민D 결핍 예방을 위해 햇빛이 너무 강한 낮 시간 외에는 팔과 다리 정도는 햇빛에 노출하기를 권장하고 있습니다.

아이의 피부에 안전한 제품과 일반적인 먼지와 세균 등은 물만으로 충분히 세정이 가능합니다. 샴푸나 비누 거품이 많이 날수록 환경오염은 물론 두피나 몸에도 화학물질이 그대로 남아 있을 수 있습니다. 세정 제품이나 보습 제품이 꼭 필요하다면 그 성분을 따져보고 선택해야 합니다.

친환경 비누나 샴푸, 화장품을 아이와 함께 만들어보는 것도 좋은 방법입니다.

중요한 것은 아이의 피부를 자연 그대로 유지해줄 수 있는 자연 보습을 위한 생활환경을 만들어주는 일입니다. 자연 보습을 위하여 물 자주 마시기, 집 안 온도 적절하게 유지하기, 집 안 습도 조절하기 등을 실천해 보세요.

먼저 물은 음식물을 소화하면서 피 속을 돌아다니는 당과 탄수화물을 지방세포로 바꾸는 역할을 하므로 아이들의 뼈와 근육 성장을 위해서도 중요합니다. 뿐만 아니라 적당량의 물을 마시면 비만 예방, 구강 관리, 스트레스 감소, 변비 해소 등의 효과는 물론, 혈액순환을 원활하게 하여 피부 건강에 큰 도움을 줄 수 있습니다.

한편 추운 겨울이 되면 거칠고 메마른 피부가 되면서 누구나 촉촉한 피부를 갈망하게 되고, 특히 부모는 아이들의 피부 보습에 민감해집니다. 이때 과도한 난방은 오히려 피부를 더 건조하게 만들 수 있으므로 적절한 실내 온도를 유지해야 합니다. 실내외 온도 차가 클수록 피부 적응력은 감소하고 결국 손상될 수 있기에 적정 온도 유지와 함께 습도 조절과 환기도 필수적입니다. 만약 습도 조절을 위해 가습기를 사용하게 된다면 청소, 관리 등 꼼꼼하게 따져보아야 합니다.

하지만 보다 안전한 것은 천연 재료를 이용하여 집 안 습도를 조절하는 것입니다. 습기를 빨아들이는 소금은 장마철에 실내 습기를 제거해주는 제습기 역할을 할 수 있고, 실내 습도를 낮추고 악취를 예방하는 커피

원두 찌꺼기는 제습제와 방향제가 될 수 있으며, 실내가 건조하면 수분을 방출하고 습하면 수분을 흡수하는 숯과 솔방울은 제습뿐 아니라 가습제로도 탁월한 효과가 있습니다.

# 아이 몸을 위한 건강한 세제

## 몸에 안전한 세탁세제

하루 종일 열심히 먹고 노는 아이는 옷도 여러 번 갈아입습니다. 부모가 하루만 게으름을 부려도 빨래가 산더미처럼 쌓입니다. 아이 옷 빨래를 어떻게 하고 있나요? 아이의 피부는 성인보다 민감하고 약해서 작은 자극에도 쉽게 반응합니다. 세탁을 막 끝낸 옷을 입어도 피부에 울긋불긋 트러블이 일어날 수 있습니다.

일반 세탁세제에는 락스와 같이 독성이 강한 염소계 표백제가 들어 있고, 향이 좋아 선택한 섬유유연제에는 페녹시에탄올, 벤조산, 테트라클로로에틸렌 같은 유해 성분이 함유되어 있습니다. 이러한 세탁세제로 빨래한 옷을 계속 입는 아이는 아토피나 발진이 쉽게 일어날 수 있습니다.

아이 몸에 안전한 세탁세제를 선택하기 위해서는 형광증백제, 방부제,

인공색소, 인공향, 벤젠, 비소 같은 유해 성분이 들어 있는지를 먼저 확인해야 합니다. 그럼 유기농 세제, 천연 세제, 친환경 세제라고 적혀 있다면 무조건 믿고 구매해도 될까요? 그렇지 않습니다. 단 몇 퍼센트의 천연 성분이 함유되었다는 이유로 천연 세제로 광고할 수도 있으니 잘 따져보아야 합니다.

사실 아이의 옷은 적은 양의 세제를 사용하거나 세제 없이도 빨 수 있습니다. 이물질이나 얼룩 등을 깨끗하게 지우고 싶다면 과탄산소다를 넣으면 효과적입니다. 과탄산소다는 산소계 표백제로 물과 만나면 활성 산소 성분으로 변화해 얼룩 제거나 살균에 효과가 있습니다. 누렇게 변한 베갯잇, 찌든 때로 쉽게 지워지지 않는 옷에 사용해보세요. 그리고 섬유유연제가 필요할 때는 화학성분이 들어간 섬유유연제보다는 구연산이나 식초를 사용하는 것도 좋은 방법입니다.

## 아이의 건강을 지키고 환경도 살리는 친환경 세제

혹시 청소하는 직업을 가진 여성의 폐가 20년간 매일 하루 한 갑의 담배를 피우는 흡연자의 폐와 같다는 뉴스를 보신 적이 있나요? 서유럽 9개국 학자들로 구성된 연구팀은 각종 화학물질이 든 청소용 세제에 노출된 여성들이 일반인보다 폐 기능 저하 속도가 빠르다는 연구 결과를 내놓았습니다.

우리가 자주 가는 마트에도 세정, 악취 방지, 표백, 산화 등의 목적으로 만들어진 수많은 청소 세제들이 있는데 그중 염소가 주성분인 세제는 휘발성이 강하고 짧은 시간에 기화해 염소가스로 바뀌는 특성이 있어 호흡기계 질환을 유발할 수 있습니다. 아이들은 성인에 비해 이런 화학성분에 특히 취약하므로 청소 세제를 선택할 때는 유해 성분을 꼼꼼히 따져보아야 합니다.

아이의 건강을 지키고 환경을 살리며 경제적이기까지 한 똑똑한 청소, 친환경 세제로 시작해보세요. 다양한 친환경 세제 중에서도 유익한 미생물군인 EM 발효액을 사용하는 것이 가장 안전합니다. 가정의 모든 곳에 사용 가능한 EM 발효액은 쌀뜨물을 이용해서 직접 만들 수도 있고, 지역의 공공기관(시청, 구청, 주민센터 등)에 무료로 비치된 곳도 있으니 활용해보세요. 그 외에 베이킹소다, 구연산, 과탄산소다 등도 다양하게 사용할 수 있습니다. 더러운 창문은 물을 뿌린 후 세제 없이 신문지로 닦고, 누런 욕조나 세면대는 베이킹소다를 뿌려서 문질러주며, 주방 청소를 위한 행주는 쌀뜨물로 조물조물 빨아서 과탄산소다를 뿌리고 뜨거운 물에 한 시간 정도 담가두는 것만으로도 살균 효과가 있습니다.

육아의 최애 아이템인 물티슈로 청소하고 있지는 않나요? 물티슈는 '물'과 '티슈'가 아닙니다. 방부제와 각종 화학 재료, 그리고 플라스틱으로 만들어 500년이 지나도 썩지 않아요. 물티슈 한 장을 쓸 때마다 우리 아이가 살아갈 지구 환경이 오염되고 있다는 사실을 잊지 마세요.

조금 번거롭고 불편하더라도 물티슈 대신 물걸레를 사용해보세요. 낡은 수건을 3등분으로 잘라 수시로 꺼내어 사용하면 좋아요. 물걸레 빨기가 힘들다면, 사용한 걸레를 EM 발효액 물에 담가두었다가 여러 장 모이면 그때 세탁기를 이용하여 빨면 됩니다.

## 먹어도 걱정 없는 주방세제

아이 식기를 닦는 세제는 아이가 먹는 음식과도 같습니다. 한 TV 프로그램에서 형광염료를 넣고 설거지를 했는데 그릇에 형광물질이 그대로 남아 있는 것을 방송한 적이 있습니다. 즉, 아무리 깨끗하게 설거지를 해도 잔류 세제는 그대로 남아 있는 것이지요.

풍부한 거품을 내는 세정제에는 계면활성제가 들어갑니다. 특히 석유에서 추출한 석유계의 계면활성제가 들어 있는 주방세제는 맨손 설거지를 할 경우, 피부 장벽을 구성하는 각질층 및 자연 보습인자까지 제거해 피부가 건조해지고 민감하게 됩니다. 그뿐 아니라 방부제 역할을 하는 파라벤을 비롯하여 보존제, 향료, 색소 등의 화학물질이 다량 포함되어 있기도 하지요. 피부과 전문의는 주방세제가 우리 몸에 오랜 시간 동안 축적되면 복통이나 위염은 물론 장기에도 나쁜 영향을 미칠 수 있다고 말합니다.

수세미도 마찬가지입니다. 세계보건기구에서는 수세미에 식중독을 일으키는 황색포도상구균이 많고, 녹색식품안전연구원에서는 수세미로 인해 설사, 고열, 복통, 구토 같은 식중독을 유발할 수 있다고 지적했습니다. 가격이 싸고 거품이 잘 나는 아크릴 수세미에서는 미세 플라스틱이 검출되고, 뜨거운 물에서는 환경 호르몬도 나온다고 하지요.

안전하게 설거지를 하는 방법은 세제 양 줄이기, 친환경 세제 선택하기, 착한 수세미 사용하기입니다. 거품이 많이 나야 깨끗이 씻은 것 같은 기분은 설거지하는 사람의 만족일 뿐입니다. 일반 식기는 세제 없이 물과 수세미만으로도 설거지가 가능합니다. 기름기가 묻어 있다면 과일 껍질 등으로 한 번 닦아낸 후 밀가루, 쌀뜨물, EM 발효액 등의 친환경 세제를 사용하면 됩니다. 수세미는 자주 교체하거나 식초와 베이킹소다 물로 소독합니다. 더 좋은 것은 천연수세미를 선택하고, 사용 후에는 음식물 찌꺼기가 남지 않도록 씻어 통풍이 잘 되는 곳에 건조하는 것입니다.

# 지구와 건강을 생각하는 친환경 세제

### • EM 발효액

- 유용한 미생물군, 항산화 물질
- 세탁, 청소, 냄새 제거 등 생활환경 모든 곳에 사용 가능

### • 베이킹소다

- 알칼리성 물질로 산성 때 제거
- 기름때, 손때, 먼지 등의 더러움, 욕실, 싱크대, 배수구 청소

### • 구연산

- 산성 물질로 알칼리성 때 제거, 항균 및 소독
- 베이킹소다로 썼고 구연산으로 마무리하는 욕실 청소, 생선 비린내, 전기주전
  자와 식기세척기 청소

### • 과탄산소다

- 강알칼리성 물질로 표백, 곰팡이 제거
- 의류 표백, 행주 소독, 세탁조 청소, 타일 줄눈이나 코팅제 청소

### • 에탄올

- 기름기를 분해하는 성분, 살균 및 소독 효과
- 곰팡이 방지, 냉장고 얼룩, 가스레인지 기름때, 침대 매트리스, 식탁이나 식탁
  아래, 화장실 등 소독이 필요한 곳

# 부족한 듯, 넘치지 않게

## 헌 옷으로 기저귀를 만든 조상들의 지혜

요즘 아이들은 무엇이든 너무 빨리 싫증을 내고, 놀잇감도 새것만을 찾으려고 합니다. '육아는 템빨'이라는 신조어가 생길 정도로 내 아이를 최고로 잘 키우기 위하여 혹은 유행하는 육아용품이나 놀잇감을 가져야 아이가 뒤처지지 않는다는 이유로 부모 또한 쉽게 구매하는 경향이 있습니다.

그러나 소유의 기쁨은 오래가지 않습니다. 따라서 부모는, 찰나의 기쁨을 찾아 소비가 너무 쉬운 아이, 생산의 의미를 모르는 아이, 그래서 나눔을 경험하지 못하는 아이보다는 물질 속에 담긴 소박한 가치를 알고 작은 물건 하나라도 귀하게 여기는 마음을 가진 아이로 자라도록 도와주어야 합니다.

옛 어른들은 갓 태어난 아기를 위해 새 옷보다는 어른들이 입어 낡은 옷으로 기저귀를 만들어 썼다고 합니다. 새 옷보다는 낡은 옷이 자주 빠는 사이에 더 부드러워지고 옷감에 배어 있던 나쁜 성분이 빠져나가기 때문이지요. 조상들의 낡은 옷 하나도 그 존재가치를 인정하고 섬기는 정신을 알 수 있습니다.

영유아기에는 건강한 삶의 양식과 태도를 형성하는 것이 무엇보다 중요합니다. 모든 생명의 관계를 인정하고 소중하게 여기던 옛 조상들의 '섬김의 문화'를 우리 아이들에게도 이어가보면 어떨까요? 아이들도 알고 있습니다. 우리가 물건을 많이 사면 살수록 지구가 아프다는 사실을요. 또한 우리 어른들도 알고 있습니다. 아이들이 살아가야 할 지구환경을 생각하면 지금 이 순간부터 무분별한 소비를 멈춰야 한다는 사실을요.

넘치는 소비를 하고 그 허상으로 마음을 채우는 소유욕에서 벗어나, 진정으로 자신이 원하는 것을 알고 자연과 타인을 배려할 줄 하는 절제·절약하는 삶을 함께 이루어가면 좋겠습니다.

## 물건 귀한 줄 아는 아이로 키우자

아이들의 세상에서는 모든 것이 새로이 태어날 수 있습니다. 쓰다 버린 병뚜껑이나 다 쓴 휴지심 하나조차도 아이에게는 더없이 소중한 의미가 될 수 있지요. 이렇게 사람, 물건, 자연의 관계를 유기적으로 바라보고 살아가는 방법은 가정에서부터 먼저 시작할 수 있습니다.

아이와 관련하여 가장 큰 소비는 장난감이나 책일 것입니다. 큰마음

먹고 비싼 돈 들여서 사줬는데 몇 번 가지고 놀지도 않고 방 한구석에 방치되어 있습니다. 그런데 또 새로운 것을 사달라고 조릅니다. 어떻게 하면 좋을까요?

이때는 장난감이나 책을 구매하기보다는 대여하는 방법이 있습니다. 요즘은 도서관이나 장난감 대여점뿐 아니라 각 시군구에 위치한 육아종합지원센터에서 장난감 및 도서 대여 사업을 하고 있어 아이에게 필요한 동화책이나 장난감을 손쉽게 구할 수 있습니다. 그리고 내 것이 아닌 공동의 것이기에 물건을 더욱 소중히 다루는 방법도 익힐 수 있겠지요.

사실 가장 좋은 방법은 재활용품을 활용하여 아이와 함께 장난감을 직접 만들어보는 것입니다. 다 쓴 휴지심으로 망원경을 만들 수도 있고, 택배상자를 이어 붙여 기차를 만들어 놀 수도 있습니다. 냉장고 상자로는 큰 놀이집을 만들 수도 있습니다.

이렇듯 아이에게 세상에 하나뿐인 자신이 만든 놀잇감은 그 자체로 큰 의미를 지닙니다. 조금 망가져도 상관없으니 실컷 가지고 놀다가 또 새로운 디자인으로 재구성해볼 수도 있고, 물건 귀한 줄도 알게 됩니다.

## 생활의 지혜를 차곡차곡

또 하나 중요한 것은 생활에서 아이와 절제·절약할 수 있는 방법을 찾아보는 것입니다.

먼저 여름에는 옷을 얇게 입고, 겨울에는 한 겹 더 입어 냉난방기 사용을 최대한 줄입니다. 사용하지 않는 전기는 아이에게 끄게 함으로써 절

약에 대한 의식을 심어주는 것도 좋은 방법이 되겠지요. 그리고 벼룩장
터, 물물교환, 중고시장, 아나바다 운동에 아이와 함께 참여해보는 것도
좋습니다.

무엇보다 부모가 먼저 실천하는 것이 중요합니다. 배달 음식을 주문할
때는 빈 그릇을 들고 매장을 방문하여 담아오고, 음식점에 갈 때는 반찬
그릇을 가지고 가서 먹다 남은 음식을 가져올 수도 있습니다. 또한 외출
시 텀블러나 장바구니를 챙기는 등 일회용품의 사용을 줄이는 지혜를 어
깨너머로 보여준다면, 아이는 지구과 더불어 살아가는 건강한 삶의 양식
을 자연스레 체득할 것입니다.

# 집안일이 놀이가 되다

## 집안일은 진짜 놀이

아이가 영아기를 지나 자율성이 자라는 시기가 되면 스스로 하려는 욕구가 커집니다. 때로는 집안일까지 자기가 하겠다고 떼를 쓰기도 하지요. 이럴 때 무조건 제지하기보다는 자연스럽게 아이에게 역할을 부여하면서 즐거운 시간으로 만들어보세요.

아이에게 집안일은 플라스틱 장난감으로 하는 가짜 놀이가 아닌 실물로 하는 '진짜 놀이'가 될 수 있습니다. 아이가 집안일을 하면 처음에는 어설프고 모자라 부모가 다시 해야 하고 그러다 보면 집안일이 더 많아지겠지요. 그럴 때 부모가 인내심을 가지고 아이에게 방법을 잘 설명하고 옆에서 도와주면, 결국 아이도 책임감 있게 해낼 수 있습니다.

집안일은 아이에게 진짜 놀이를 하는 즐거운 시간이면서 동시에 자신이 집안의 일원으로 기여한다는 자긍심을 갖게 하는 시간이기도 합니다.

공동체의 한 구성원으로 참여한다는 것은 의무이기 이전에 큰 즐거움이고 보람입니다. 생애 첫 사회 조직에서 자기 몫을 하며 기쁨을 느끼고 자부심과 긍지를 갖는 시간은 아이에게 귀한 경험이 될 수 있습니다.

## 아이 몫을 정해주자

집안일 중에 아이가 할 수 있는 몫을 정해주는 것도 좋습니다. 이때 집안일을 아이가 즐겁게 할 수 있도록 이끌어주는 배려가 중요합니다. 책임감을 기르기 위한 목적에서 의무적으로 하게 하면 집안일을 싫어하게 되고 거부감이 생기면서 마음에서 영영 멀어지게 될 수도 있습니다. 그러니 처음에는 놀이로 즐겁게 하도록 하고 어느 정도 익숙해지면 자부심을 가지고 할 수 있도록 도와주는 것이 중요합니다. 이렇게 자신의 몫을 스스로 해내는 자율성이 이후 자신을 자랑스러워하고 소중하게 여기는 자존감으로 이어집니다.

다음은 아이가 할 수 있는 집안일 놀이 사례입니다.

**정리 놀이** : 현관 신발 정리, 장난감 정리, 생활물품 정리
**빨래 놀이** : 빨래 털기, 양말 널기, 양말 짝 맞추기
**까기 놀이** : 달걀 껍데기 벗기기, 옥수수 껍질 벗기기, 완두콩 까기
**청소 놀이** : 빗자루질, 손걸레질, 유리창 닦기, 먼지 닦기
**주방 놀이** : 채소 썰기, 밀가루 반죽하기, 나물 무치기, 수저 놓기

**잠자리 놀이 :** 이불 깔기, 이불 개기

**쓰레기 놀이 :** 재활용 쓰레기 분리하기, 배출하기

**만들기 놀이 :** 생활용품 만들기, 바느질하기

## 손걸레에 아이 이름 수놓기

수건을 아이 손 크기에 맞게 자르고 접은 뒤 감침질하면 멋진 손걸레가 됩니다. 여기에 아이 이름을 수놓으면 더 멋진 걸레가 되겠지요. 자기만의 걸레가 생기면, 비록 걸레 같은 하찮은 물건일지라도 소중하게 사용하는 법을 배우게 되고, 더 신명나게 청소를 합니다.

손걸레 만들기

# 5장

# 관계

사람 · 자연과 더불어 살아가는 아이

아이는 사람·자연과 함께 어울릴 때
즐겁고 건강하게 자랍니다.
부모가 아이를 고귀한 존재로 모시면
부모와 아이의 관계는 더 많은
아름다운 만남으로 이어질 수 있습니다.

# 철 따라 사는 아이

## 철을 안다는 것

"쯧쯧, 언제 철들려나."

흔히 생각 없이 말하고 행동할 때 철이 없다고 합니다. '철'은 봄철, 여름철처럼 '때'를 말합니다. 그래서 철을 안다는 것은 때를 안다는 것을 의미합니다. 농사로 치면 씨를 뿌릴 때인지 거둘 때인지 아는 것이고, 사람으로 치면 놀 때인지 공부할 때인지를 아는 것이지요.

음식으로 치면 때를 아는 음식은 제철 음식입니다. 제철 음식은 그 시기에 인간에게 가장 필요한 양분을 주는 음식인데, 예를 들어 90퍼센트 이상이 물인 수박은 수분 공급이 중요한 여름철 과일이고, 비타민C가 많은 귤은 비타민이 부족한 겨울철 대표 과일입니다. 이처럼 자연은 때(철)에 맞게 인간에게 가장 필요한 것을 줍니다.

자연에서 살아가는 야생 동물과 식물은 양식으로 기른 동식물과 비교할 때 생명력이 월등합니다. 그 이유는 철에 맞게 살기 때문입니다. 때는 곧 자연의 흐름이고, 시도 때(철)도 없이 살면서 자연과 멀어질수록 나약해지고 병에 걸리게 됩니다. 사람도 마찬가지겠지요. 특히 아이를 철에 맞게 자연의 흐름에 따라 살도록 기르면 건강한 아이로 자랄 수 있습니다.

## 자연의 흐름, 철 따라 살기

철 따라 때에 맞게 산다는 것은 무엇일까요? 자연의 흐름인 때에는 밤낮이 있고, 4계절이 있고, 24절기가 있습니다. 낮에는 왕성하게 활동하고, 밤에는 잘 자면서 푹 쉬는 것이 때에 맞는 생활입니다.

봄에는 겨우내 웅크린 몸과 마음을 활짝 펴고 봄 햇살을 받고 새순과 봄꽃을 즐기는 것이 때에 맞는 행동입니다. 여름은 더운 때이고, 겨울은 추운 때입니다. 더운 여름을 에어컨 밑에서 너무 시원하게 지내면 철없이 사는 것이고, 겨울에 따뜻한 실내에서만 지내는 것도 철없이 사는 것입니다. 여름은 여름답게 땀 흘리고, 겨울은 겨울답게 찬바람 맞으며 사는 것이 때에 맞게 사는 것이지요. 우리나라는 예로부터 이열치열이라고 해서 더운 여름에는 땀을 흘리며 삼계탕을 먹고, 추운 겨울에는 차가운 동치미 국물을 마셨습니다. 이런 삶이 바로 자연의 흐름에 맞게 사는 것입니다.

## 자연 그 자체인 아이

자연은 인간이 살아가는 데 필요한 자원이나 도구가 아닙니다. 자연이 인간의 일부가 아니라, 인간이 자연의 일부입니다. 즉, 자연은 인간을 뛰어넘는 더 큰 범주이고 더 거대한 흐름이며 더 오랜 역사입니다. 자연이 없다면 인간도 존재할 수 없습니다. 인간이 자연을 지배하고 통제할 수 있다는 잘못된 생각이 지금의 지구 생태계 위기를 불러왔습니다. 자연을 스승으로 모시며 자연으로부터 배우고, 자연과 함께 살아갈 길을 찾는 것은 내 아이가 살아갈 미래를 보장해주는 일입니다.

어린아이는 자연에 가장 가깝습니다. 아이는 봄날 땅을 뚫고 나오는 새싹의 생명력을 가지고 있고, 해의 속성인 밝음, 달의 속성인 맑음, 별의 속성인 찬란함을 가진 신명(神明) 그 자체이니까요. 자연 그 자체인 아이를 자연의 흐름에 따라 자연과 가깝게 키우는 것은 몸과 마음과 영혼이 건강하고 행복한 아이로 자라도록 하는 비결입니다.

# 24절기가 뭐예요?

절기는 인간이 자연의 흐름에 맞추어 살 수 있도록 4계절을 나누고 24절기로 세분화하여 때(마디)를 지어놓은 것입니다. 절기는 해와 생명의 관계에 대한 해답이기도 합니다. 해가 지구에 머무는 각도에 따라 1년을 24개로 구분하여 만든 절기를 알면 계절에 맞게 자연의 흐름에 따라 살아가기가 쉽습니다. 하루에 먹을 때와 자야 할 때가 있듯 1년의 흐름에도 때마다 할 일이 있는데, 24절기를 알면 한 해의 때를 알고 지혜롭게 살아갈 수 있는 것이지요.

입동(立冬)이 되면 아이의 겨울 내복을 꺼내고, 1년 중 가장 추울 때인 소한(小寒)에는 방한복을 단단히 챙겨야 합니다. 동지(冬至)에 새알심 넣은 팥죽을 만들어 먹으면 기나긴 밤도 조금씩 짧아지고, 우수(雨水)에는 봄비가 내리지만 동장군이 물러나지 않아 쌀쌀하니 건강에 유의해야 합니다. 해가 바뀌는 날(신정, 구정) 혹은 입춘(立春)에는 가족과 올해의 꿈과 계획을 서로 나누기도 하지요.

이처럼 절기에 맞게 절기살이를 하면 한 해가 풍요롭고 다채로워집니다. 아이에게 절기에 따른 재미난 옛이야기를 들려주고, 절기 음식을 찾아 함께 만들어보면서 일상의 소소한 재미를 느껴보세요.

# 집에
# 텃밭을
# 들여보자

## 흙내음 속에서 자연의 이치를 아는 아이

모든 생명체는 흙에서 나서 흙으로 돌아갑니다. 흙 없이 생명체는 존재할 수 없고, 흙은 끊임없이 다른 생명을 키워내지요. 비단 나무와 꽃, 그리고 작은 곤충들만을 말하는 것이 아닙니다. 사람도 흙 땅을 밟고 흙내음을 맡고 살아야 자연에 가까운 삶을 살아갈 수 있습니다. 차가운 아스팔트 위에서 사는 사람들보다 몽골의 넓은 초원이나 아프리카에서 흙과 동화되어 사는 사람들이 더 여유롭고 스트레스도 덜 받는다고 하지요.

자연과 멀어진 도시화된 주거환경에서 우리 아이가 흙과 만날 수 있는 가장 좋은 방법은 무엇일까요? 바로 집 안에 텃밭을 들이는 것입니다.

## 잘 키운 텃밭 하나, 열 채소 안 부럽다

밥상 물가가 고공행진하는 가운데 특히 대파 값이 크게 올라서 집에서 대파를 직접 심기도 했습니다. 이른바 '파테크'인 것이지요. 다 자란 대파의 뿌리 부분을 화분이나 화단에 심고 일주일가량 지나면 줄기가 손가락 한두 마디 정도로 자라는데, 그 부분을 잘라서 먹는 것입니다.

'정말 채소를 직접 길러서 먹는 것이 가능할까?' 혹은 '귀찮은데 그냥 사서 먹지' 하는 생각에 갇히지만 않는다면 텃밭 가꾸기는 그리 어려운 일이 아닙니다.

아이와 함께 텃밭 상자를 만들어보세요. 그리고 이 작은 텃밭에 상추, 쑥갓, 당근 등 비교적 잘 자라는 씨앗이나 쑥쑥 자라는 게 눈에 확연히 보이는 방울토마토 등의 모종을 심으세요. 아마 가족들의 마음은 언제 싹이 올라오는지, 모종의 키가 얼마나 자랐는지를 향해 있을 것입니다. 그러다 싱그럽고 여린 초록 잎이 빼꼼 고개를 내밀거나 어제는 분명 없었던 자그마한 열매가 뿅 하고 나타나면 가족들은 기쁨의 환호성을 지르겠지요. 그 이후로는 더 자주 가서 작물에게 좋은 기운을 북돋아주고, 더욱 정성스럽게 물을 주며 관리할 것입니다. 아이는 이렇게 자연과 생명의 경이로움을 아주 가까이에서 마주할 수 있습니다.

요즘은 배양토와 거름, 씨앗과 모종 등 텃밭 재료를 쉽게 구할 수 있으므로, 햇빛과 바람이 잘 드는 장소만 확보된다면 생각보다 쉽게 키울 수 있습니다. 그렇게 키운 채소로 쌈을 해 먹거나 멋들어진 샐러드 요리를 만들어보세요. '키우는 재미'와 '먹는 즐거움'을 가족 모두가 느낄 수 있을 것입니다.

## 편식 극복은 덤

아이를 키울 때 부모가 가장 공을 들이는 부분 중 하나가 내 아이의 건강한 식습관입니다. 이를 위해 부모는 아이가 채소와 친해지게 하기 위해 온갖 노력을 기울입니다. 아이가 좋아하는 음식에 잘게 썬 채소를 넣어도 아이의 반응은 '채소는 조금만', '채소는 골라내줘'일 때가 많습니다. 하지만 그렇게 싫어하는 채소라고 할지라도 내가 키운 것이라면 이야기가 달라지겠지요.

흔히 편식을 극복하는 단계적 방법을 '푸드 브리지'라고 하는데, 싫어하는 음식을 여러 가지 방법을 통해 단계적으로 노출시킴으로써 아이가 싫어하는 식재료에 대한 거부감을 줄여나가는 편식 교정 방법입니다. 이때 실행되는 1단계가 바로 친해지기이며, 전문가들은 가장 좋은 방법으로 텃밭에서 작물 키우기를 꼽습니다. 채소가 자라는 과정을 직접 눈으로 보고 냄새도 맡고 만져보며 거부감을 없애는 것이지요.

신기하게도 아이들은 직접 키운 채소는 맛있게 먹는 경향이 있습니다. 아마도 상추 한 장, 방울토마토 한 알을 키우는 데도 시간과 정성이

든다는 사실을 경험하기 때문이겠지요.

이렇게 채소를 가까이하면 어느새 아이는 식재료의 소중함을 알고, 채소를 사랑하는 단계로까지 나아갈 수 있습니다. 꼭 한번 시도해보기를 추천합니다!

## 어떤 작물이 좋을까?

씨를 뿌리고 모종을 심기 좋은 계절이 지났다고 해서 텃밭을 포기하거나 미루지 마세요. 잘만 고르면 집 안에서도 잘 자라고 식탁도 풍성하게 해줄 작물들이 제법 많습니다. 농촌진흥청의 부속 사이트 '농사로(https://www.nongsaro.go.kr/portal/portalMain.ps)'에 나온 1년치 텃밭 작물 재배 캘린더를 참고하세요. 그리고 초심자를 위한 다양한 미니 텃밭 가이드도 곳곳에 게시되어 있으니 잘 활용해보세요.

실내 상추 재배 캘린더

# 반려
# 동식물과
# 함께

## 반려동물과 함께하기

길을 걷다보면 강아지와 산책하는 사람들을 흔히 볼 수 있고, 기꺼이 고양이 집사가 되고자 하는 사람 또한 적지 않습니다. 요즘은 아이를 적게 낳으니 아이를 위해 개나 고양이뿐만 아니라 물고기, 햄스터, 장수풍뎅이, 기니피그 등 다양한 동물을 키우고 있지요.

동물을 키우는 이유는 우리 아이가 외로울 것 같아서, 혹은 생명을 돌보는 즐거움을 아이가 느끼고 배우게 하기 위해서 등 다양하지만, 식물 키우기와는 달리 좀 더 큰 책임감이 뒤따릅니다.

생명은 어느 하나 귀하지 않은 것이 없기에 그 어떤 생명도 목적을 띤 도구로 사용되어서는 안 됩니다. 최근 열악한 환경의 번식장 문제가 불거졌던 펫숍과도 같은 맥락이지요. 생명과의 만남이 아이의 즐거움을 위해

서라는 지극히 인간 중심적인 관점으로 이루어진다면, 그 목적이 다할 때 혹은 예상하지 못한 문제에 봉착했을 때 동물을 쉽게 유기하거나 방치할 가능성이 높습니다.

영유아기는 생명에 대한 정서와 생명을 대하는 태도가 길러지는 시기입니다. 이 시기의 아이가 생명을 돈으로 얼마든지 살 수 있고, 싫증 나거나 힘들어지면 쉽게 버리는 경험을 하게 된다면 앞으로 어떤 정서와 태도를 갖게 될까요?

우리 아이가 정말 동물을 사랑하고, 생명과 서로 충만한 교감을 할 수 있는 장을 마련하고 싶다면 그에 맞는 아름다운 만남이 이루어지도록 도와주어야 합니다. 아이가 동물을 키우고 싶어 한다면 바로 구입하거나 입양하기보다는 정말 원하는지 신중하게 여러 번 생각할 수 있는 기회를 주는 것이 좋습니다. 만약 아이가 원하는 동물과 며칠 함께 생활할 수 있다면 먼저 경험을 해보고 판단하는 것도 좋습니다. 아이가 생각하는 것과 실제는 많이 다를 수 있으니까요. 그리고 동물을 데려오기로 결정했다면, 정해진 시간에 밥 챙겨주기나 같이 산책하기, 혹은 집 치워주기 등 아이가 일정한 역할을 맡아 책임감 있게 실천할 수 있도록 도와주세요.

## 반려식물은 어때?

반려동물 키우기가 다소 부담스럽다면 아이와 함께 반려식물을 키워보는 것도 추천합니다. 이것은 텃밭 가꾸기와는 결이 조금 다릅니다. 우리가 먹을 음식 재료를 수확하는 게 목적이 아니라, 말 그대로 인생을 더불어 살아가는 '반려'의 존재로서 식물과 함께하는 것입니다.

식물은 그 자체로 초록의 싱그러움이 주는 기쁨을 선사하며 더불어 아이 정서에도 좋고, 공기 정화 능력과 인테리어 효과까지 갖추고 있습니다. 반려식물은 반려동물을 키울 때와는 달리 비용과 수고가 적게 들면서도 충분히 감동을 느낄 수 있습니다.

물과 햇빛, 바람만 있으면 쑥쑥 자라는 키우기 쉬운 식물, 혹은 잎이 금방금방 자라나 한눈에 성장을 확인할 수 있는 식물을 키웠을 때, 아이는 큰 재미를 느낍니다. 식물마다 새로운 이름을 지어주고, 이름과 물 주는 시기 등을 적은 팻말도 아이와 함께 만들어 꽂아주세요.

가족들이 돌아가면서 관리 당번을 정해 아이도 반려식물을 관리하는 주체가 될 수 있도록 해주는 것도 좋습니다. 여건이 된다면 가족별로 반려식물을 하나씩 키워보는 것도 추천합니다. 반려식물 또한 반려동물 못지않게 책임감을 가지고 즐거운 마음으로 함께할 수 있고, 반려식물이 한 뼘 자랄 때마다 아이도 한 뼘 더 성장할 수 있을 것입니다.

# 자연과
# 친해지는
# 착한 캠핑

## 왜 아이와 캠핑을 가야 할까?

바쁜 일상을 뒤로하고 탁 트인 자연에서 가족과 함께 특별한 추억을 만들 수 있는 여행이 바로 캠핑입니다. 부모는 캠핑을 통해 자연이 만든 천연의 놀이터에서 아이가 마음껏 뛰어놀게 하고 자연과 가까워지는 기회로 삼기도 하지요. 어쩌면 특별한 이유를 찾는 것이 의미 없을지도 모릅니다. 그저 자연에서 아이와 신나게 뛰어놀고, 맛있는 음식을 만들어 먹고, 다소 불편하더라도 서로의 온기를 느끼며 함께 자고, 귀를 쩌렁쩌렁 울릴 만큼 온 힘을 다해 지저귀는 새소리에 눈 비비며 함께 아침을 맞이하는 그 경이로운 경험을 함께하고 싶은 것이겠지요.

실제로 공간의 변화는 우리에게 새로운 기대를 만들어주고, 다양한 삶의 맛을 느끼게 해줍니다. 특히 아이들에게는 일상생활 공간을 벗어나는 것만으로도 또 다른 세상을 만나는 귀한 시간이 될 수 있습니다.

## 아이를 캠핑의 일원으로 참여시키자

자연 속에서 하루를 보낸다는 것은 제아무리 의미 있는 일이라고 해도 집이나 안락한 호텔에서 머무는 하룻밤보다는 확실히 불편한 점이 많습니다. 그래서 더욱 캠핑을 위한 정보를 수집하고 장비를 사기 시작합니다. 아웃도어 라이프 시장이 커지면서 화려해진 캠핑 장비들은 소비 심리를 부추겨 처음에는 간편했던 짐이 '캠핑은 장비빨'이라는 이름으로 갈수록 늘어나게 됩니다.

이 모습은 캠핑을 꿈꾸며 그렸던 자연친화적인 성격과는 달리, 인간의 안락함을 위해 각종 문명의 이기를 자연 한가운데로 끌어모아 펼쳐놓고 하룻밤 체험하는 모습에 더 가깝기도 합니다. 자연을 오롯이 느끼며 감성과 낭만을 나누기보다는 너도나도 경쟁하듯 인간의 구미에 맞게 변형시켜 자연을 체험의 도구로 이용하고 있는 것은 아닌지 의문이 생기기도 합니다.

아이와 함께 캠핑장을 찾는 부모들은 어린이용 대형 풀장이나 키즈 놀이터, 체험시설 등을 갖춘 아이 맞춤형 캠핑장을 선호합니다. 그렇다면 이곳에서 정말 아이 맞춤식 캠핑이 이루어지고 있을까요?

화려하고 가짓수도 많은 캠핑 장비를 세팅하느라 힘들어서 주변에 있는 천혜의 자연 놀이터를 뒤로하고 캠핑장의 편의시설로 아이를 밀어넣는 경우가 다반사입니다. 심지어 술과 고기를 편하게 먹기 위해 아이 손에 전자기기를 들려주며 '갬성'이 아닌 '겜(game)성'을 심어주게 되는 웃픈 광경도 생겨나지요. 그리고 첨가물투성이인 인스턴트 간편식을 캠핑 요리라고 부르며 아이들에게 별다른 의식 없이 먹이기도 합니다. 이렇듯 캠핑이 아이는 뒷전이고 어른이 중심이 되는 것은 아닌지 되돌아보게 됩니다.

정말 의미 있는 캠핑이 되기 위해서는 '아이'를 중심에 두고 캠핑의 일원으로 참여시켜야 합니다. 아이가 할 수 있는 일은 생각보다 많습니다. 자신의 짐 챙기기, 작은 짐 나르기, 텐트를 치고 의자를 펴는 일도 얼마든지 해낼 수 있어요.

특히 캠핑은 아이가 요리를 시도하기에도 좋습니다. 쌀을 씻는 일, 밥물을 맞추는 일, 재료를 다듬는 일뿐만 아니라 오랜 시간이 걸리는 요리도 함께 해볼 수 있습니다. 캠핑을 마무리할 때도 장비 정리를 돕게 하거나 쓰레기 분리 배출을 하게 할 수도 있습니다. 비록 부모가 할 때보다 시간은 더 걸리겠지만 아이와 함께하는 것이 중요합니다.

## 온 가족의 힐링캠프를 위해

캠핑장에서 아이와 어떻게 시간을 보내면 좋을까요? 산책을 하거나 자전거를 타면서 주변 경관을 둘러볼 수도 있고, 스케치북과 색연필을 챙겨가서 담고 싶은 자연의 모습을 그려볼 수도 있습니다. 맑은 공기를 마시며 캐치볼과 배드민턴으로 기분 좋게 땀을 흘리는 것도 좋습니다. 또는 즉석에서 놀이를 만들어서 해볼 수도 있습니다. 물을 통에 담아 땅에 물그림을 그리거나, 자연물들을 주워 작품을 만들어볼 수도 있습니다. 부모들이 어릴 적 했던 땅따먹기, 비사치기(비석치기), 무궁화꽃이 피었습니다 등 전래놀이를 즐겨보는 것도 참 재미있습니다.

꼭 추천하고 싶은 것은 '불멍'입니다. 이때 가족에게 줄 편지를 미리 준비해가도 좋겠지요. 우리는 아이에게 엄마 아빠를 그린 그림 선물이나 삐뚤빼뚤한 글씨로 사랑을 고백한 쪽지를 받습니다. 그런데 그 아름답고 소중한 아이의 마음에 응답해본 적이 있나요? 바로 지금입니다. 모닥불이 타닥타닥 타오를 때 아이 혹은 배우자에게 쓴 편지를 서로 주고받는다면 그 자체가 힐링이고, 진정한 교감이 이루어지는 행복한 시간이 될 것입니다.

# 생태적 캠핑을 위하여

캠핑을 하는 중요한 이유는 일상에서 벗어나 자연을 만나기 위해서일 것입니다. 아이와 함께 자연을 즐길 수 있는 쉬운 방법을 소개합니다.

### • 이른 아침과 해 질 무렵 산책하기

대부분의 캠핑장은 자연경관이 빼어난 곳에 자리하고 있습니다. 따라서 텐트 안과 주변에만 머물지 말고 캠핑장 주위를 산책하며 자연을 마음껏 느껴보세요. 특히 이른 아침과 해 질 무렵의 산책은 아이에게 풍요로운 자연과 생명의 경이로운 순간을 맞이하게 해줄 것입니다.

### • 하늘 바라보기

하루하루 바쁘게 생활하다 보면 하늘 한번 바라볼 여유가 없습니다. 캠핑장에서는 하늘을 마음껏 볼 수 있습니다. 때에 따라 달라지는 하늘은 낮에는 푸르름과 청량함과 햇살을, 해 질 무렵에는 아름답게 물들어가는 세상을, 또 밤에는 짙은 어둠과 반짝이는 별을 선물해줍니다. 의자에 기대거나 바닥에 돗자리를 깔고 누워서 자연의 아름다움을 만끽하다 보면 더없이 행복해질 것입니다.

### • 바람 느끼기

캠핑은 내 몸을 자연에 맡기고 바깥 공기와 소통하는 시간입니다. 날씨와 계절을 담은 바람을 온몸으로 느껴보세요. 긴 호흡으로 맞이하는 바람은 아이가 자신의 몸을 느끼는 시간이 됩니다. 자신의 몸에 집중하는 순간, 내 안에 있는 행복한 감정과 긍정의 에너지가 샘솟을 것입니다. 그리고 아이에게 이렇게 말해주세요. "이 숲은 작은 곤충들, 풀과 나무들이 오래전부터 살고 있는 마을이란다. 우리는 그 친구들이 사는 집에 잠시 머물다 가는 거지. 곤충들아~ 풀과 나무야~ 이곳을 빌려줘서 정말 고마워."

# 우리 가족도 지구 지킴이

## 내 아이가 살아갈 지구는 안녕할까?

풍요로운 생산과 소비가 삶의 양식으로 자리하면서 우리의 삶은 편리해졌지만 실제로는 더 큰 걱정거리들이 생기기 시작했습니다. 지구는 갈수록 뜨거워져 해마다 최악의 폭염이 갱신되며 수많은 사람들이 죽어가고 수억 마리의 해양 생물이 폐사하고 있습니다. 미세먼지로 인해 흐리고 뿌연 하늘은 일상이 되어가고, 갖가지 바이러스가 생겨나 인류의 건강과 삶을 위협합니다.

앞으로 내 아이가 살아갈 지구는 안녕할까요? 내 아이를 몸, 마음, 영혼이 건강한 아이로 잘 키우더라도, 아이가 어른이 되었을 때 살아갈 터전이 더 이상 손쓸 수 없을 만큼 오염된 상태라면 과연 우리 아이들은 행복할 수 있을까요?

영국의 일러스트레이터이자 애니메이션 작가인 스티브 커츠는

〈MAN〉이라는 애니메이션에 인간이 지구를 망가뜨리는 과정을 3분이라는 짧은 시간에 상징적으로 담아냈습니다. 여기서 MAN이 하는 행동은 우리가 일상에서 하는 행동과 크게 다르지 않습니다. 털옷을 입고 가죽 부츠를 신고, 치킨을 즐겨 먹고, 나무를 베어 종이를 만들고, 공장을 가동하여 음식과 물건을 생산합니다. 즉, 우리 인간이 하는 행위가 지구에 어떤 영향을 미치는지 여실히 보여줍니다.

우리는 아이에게 쾌적하고 풍요로운 환경을 만들어주기 위해 끊임없이 소비합니다. 하지만 이러한 소비가 더 멀리 더 깊게 바라보면 결코 우리 아이를 이롭게 하는 것이 아닐 수 있습니다. 소비는 계속해서 더 새롭고 더 값비싼 것을 찾는 마음을 부추기고, 내가 지금 가지고 있는 작고 낡은 것의 귀함을 망각하게 합니다. 소비를 줄여 아껴 쓰고 나눠 쓰고 물려받고 또 재활용하는 습관은 부모가 아이에게 물려줄 수 있는 아름다운 삶의 방식이자 값진 문화입니다.

## '덜 임팩트 맨' 실천하기

도시 한복판에서 "노 임팩트 맨!"을 외치며, 1년간 환경에 영향(임팩트)을 주지 않는 삶을 실험한 가족이 있습니다. 테이크아웃 음식의 천국 뉴욕에서 쓰레기도, 대중교통도, 전기도 안 된다는 일념으로 벌인 이 기막힌 프로젝트는 다큐멘터리와 책으로 나올 정도로 화제가 되었지요. 사실 이렇게까지 실천하기는 쉽지 않습니다. 하지만 우리는 지구와 자연에 나쁜 영향을 덜 끼칠 수 있도록 소박한 노력이라도 해야 합니다.

아이를 키우면서 '덜 임팩트 맨'을 어떻게 실천할 수 있을까요?

첫째, 일회용품 사용을 줄입니다. 아이의 젖은 옷을 담을 때나 유아교육기관에 준비물을 보낼 때 일회용 비닐팩이나 지퍼팩 대신 방수팩을 사용해보세요. 집에서는 면 손수건과 천 기저귀를 사용하고, 외출할 때는 물티슈보다는 젖은 손수건을 방수팩에 여러 장 넣어 다닐 수도 있습니다. 텀블러를 항상 가지고 다닌다면 페트병과 테이크아웃 잔이 필요 없고, 장바구니를 들고 다닌다면 장을 볼 때 비닐 사용이 줄어들 것입니다.

둘째, 환경의 중요성을 느낄 수 있도록 도와줍니다. 아이보다 먼저 부모가 환경 문제에 관심을 가질 필요가 있습니다. 쓰레기는 (분리수거가 아닌) 분리 배출부터 실천합니다. 더 중요한 것은 쓰레기를 줄이는 것입니다. 먹을 만큼만 요리하고 남김없이 먹는 습관으로 음식물 쓰레기를 줄이고, 과하게 포장된 물건 구입은 피하며, 일회용 플라스틱 용기를 사용하는 냉동 음식이나 배달 음식도 피하는 것이 좋겠지요. 그리고 세균이나 바이러스, 벌레 등을 죽이기 위해 우리가 무심코 사용하는 각종 항생제나 살충제 등은 인체뿐만 아니라 환경에도 악영향을 끼칠 수 있다는 사실을 꼭 기억하세요.

셋째, 기후위기 행동에 참여합니다. 교육부를 비롯한 정부 부처에서는 기후위기 극복과 탄소 중립 실천을 위한 학교 기후 및 환경교육 지원 방안을 발표했습니다. 지역사회에서도 NO 플라스틱 캠페인, 플로깅(조깅하면서 쓰레기 줍는 행동) 등 기후위기를 줄이기 위한 다양한 활동을 펼치고 있습니다.

이러한 사회적 움직임에 발맞추어 우리 가족이 함께 실천할 수 있는 것을 찾아보세요. 자연 에너지로 빛나는 세상을 만들기 위해 우리 집에 쓰지 않는 전기 끄기, 필요한 전자제품만 사용하기, 가까운 거리는 걸어 다니기, 저탄소 인증 제품 선택하기 등을 실천할 수 있습니다.

# 지구를 위하여 함께 나누고 싶은 도서

### 『고릴라는 핸드폰을 미워해』

책의 표지와 제목만 보면 익살스러운 고릴라의 핸드폰에 얽힌 에피소드로 가득할 것 같지만, 우리가 매일 사용하고 소비하는 물품을 만들기 위해 지구 한 켠에서는 생존과 직결된 문제에 놓인 생명체들이 존재한다는 것을 알려주는 책입니다.

더불어 세계는 하나로 연결되어 있기에 '나'가 아닌 '우리'의 문제로 인식하여 모두 함께 지구환경을 위해 고민하고 해결하는 길을 일상 속에서 찾고 실천할 수 있도록 구체적이고 쉬운 방법들을 소개하고 있습니다.

### 『멋진 지구인이 될 거야』

'본격 환경보호 실천 도전 만화'라는 타이틀을 내걸 정도로 결연한 의지로 지구를 지키는 방법을 소개한 책으로 총 2권으로 되어 있습니다.

플라스틱 줄이기, 물 절약법, 비닐봉지 없이 장보기, 면 생리대 및 천연 세제 사용, 보자기 활용법 등 가정에서 실천할 수 있는 환경 보호 방법들을 에피소드와 함께 재미있게 알려줍니다.

아이와 이야기를 나누면서 실천 목록을 하나씩 달성해가는 재미를 느낄 수 있습니다.

# 부모가 행복해야 아이가 행복하다

## 아이는 부모의 소유물이 아니다

우리는 부모입니다. '부모'라는 말은 듣기만 해도 가슴이 설렙니다. 천지(天地)가 우주만물의 생명을 낳고 품고 기르듯, 자식을 잉태하고 낳고 기르고 가르치는 성스러운 일을 사랑과 공경과 정성으로 다하는 존재가 바로 부모입니다.

아이에게 부모란 어떤 존재일까요? 아이에게 부모는 세상 전부이고, 절대적인 우주입니다. 부모와 아이는 하나로 연결되어 있고, 그 관계에서부터 아이의 사회성이 발현됩니다. 즉, 아이의 사회적 관계 맺기는 부모와의 관계에서 시작하고, 어릴 적 부모와의 관계는 아이의 사회성 발달에 그만큼 중요하다는 뜻입니다.

부모와 자녀의 성공적인 관계를 위해서는 아이를 바라보는 부모 자신의 마음부터 들여다볼 필요가 있습니다. 아이를 잉태하고 정성으로 열 달 품어 처음 만났던 그 순간, 아이의 존재 자체를 귀하게 여기고 바라보던 마음이 있었지요. 하지만 아이가 한 해 두 해 자라면서 처음 마음은 옅어지고, '이게 다 너를 위해서'라며 아이의 의지와 욕구보다 부모의 생각과 욕심으로 아이를 키우는 모습을 적잖게 볼 수 있습니다. 아이가 말을 듣지 않는다며 윽박지르기도 하고, 부모가 세워둔 계획에 따라 아이가 학습하는 것이 훌륭한 교육이라고 생각하기도 합니다.

아이는 부모의 소유물이 아닙니다. 아이는 하나의 독립된 개체이며, 스스로의 삶을 결정짓고 펼쳐나갈 힘이 있고 자유가 있습니다. 부모는 아이의 마음에, 목소리에 귀를 기울여주면 됩니다.

자신을 믿어주는 부모의 따스한 눈빛에 비로소 아이는 세상을 살아갈 힘을 얻고 좋아하는 것을 기쁜 마음으로 찾아 길을 개척해나갈 수 있습니다. 부모의 뜻대로 되지 않는다고 하여 아이를 몰아세우거나 강압적인 방식으로 대하기보다는 아이의 마음과 뜻을 헤아리고 발맞춰주는 부모가 되어주세요.

## 행복 심은 데 행복 나고, 걱정 심은 데 걱정 난다

아이에 대한 부모의 마음가짐을 바르게 하기 위해서는 부모 역시 마음의 여유가 필요합니다. 복잡하고 불확실한 세상 속에서 우리 아이가 바르고 건강하게 자랄 수 있을까 하는 생각은 부모를 불안하게 만듭니다.

이러한 불안이 이어지면 끝없이 걱정하게 되고, 부모의 걱정과 불안은 고스란히 아이에게 전해집니다. '걱정 많은 부모 밑에서 자란 아이는 그 작은 몸에 부모의 걱정을 다 짊어지고 살아가게 된다'라는 말이 있습니다.

아이는 부모가 생각하는 것 이상으로 적응력이 뛰어납니다. 그리고 아이 곁에는 교사도, 친구들도 있습니다. 부모는 그저 아이를 믿고 격려하며 기다려주면 됩니다. 새로운 환경에 대한 적응뿐만 아니라, 친구들과의 관계도, 세상을 배우는 것도, 기본적인 생활습관까지도 부모가 다그치지만 않으면 아이는 자신의 속도에 맞게 잘 해낼 수 있습니다.

아이의 마음속에 걱정 대신 행복을 심어주세요. 가장 좋은 방법은 부모 스스로가 행복해지는 것입니다. 행복한 부모가 되어 아이에게 행복한 마음을 나눠주세요. 그리고 멀리 있는 저 너머의 행복을 부러워하기보다는 우리 가족이 함께 숨 쉬고, 맛있는 밥을 먹고, 도란도란 이야기를 나눌 수 있는 지금 이 순간을 소중히 여기세요. 그 소소한 행복이 아이에게는 큰 자산이 될 거예요.

# 엄마, 아빠와 함께하는 놀이

부모와 자녀가 행복한 관계를 맺기 위한 가장 좋은 방법은 바로 '놀이'입니다. 부모와 함께하는 놀이만큼 아이를 행복하게 해주는 것은 없습니다. 어떤 놀이든 함께하는 것만으로도 충분합니다.

**• 부모의 마음가짐에서부터 시작됩니다.**

아이를 위해 놀아준다고 생각하기보다는 부모도 함께 즐겁게 논다고 생각해야 서로가 행복한 몰입의 순간이 될 수 있습니다.

**• 양보다 질입니다.**

평일에는 바쁘니 주말에 몰아서 놀아주려고 하기보다는 매일매일 짧은 시간이라도 집중해서 놀아주는 것이 효과적입니다. 어른과 아이는 시간 계산법이 다르니까요.

**• 스킨십이 많을수록 행복해집니다.**

까꿍 놀이, 간지럼 놀이, 비행기 태우기, 이불 썰매 타기, 아빠 나무에 올라타기, 엄마 발등에 올라가 한몸되어 걷기, 팔짱 끼고 다니기, 가족 요가 등 스킨십이 충분한 놀이는 웃음을 만들고 행복을 줍니다.

**• 온몸을 사용할수록 재미있습니다.**

숨바꼭질, 달리기, 술래잡기, 공놀이 등 온몸을 움직이면서 놀면 몸이 즐거움을 기억합니다. 그리고 그것은 소중한 추억이 됩니다.

## 사람과 더불어 사는 아이

### 아이와 함께하는 사람들

인간은 사회적인 존재입니다. 아이 역시 다양한 관계 속에서 살아갑니다. 가까이는 부모, 형제자매부터 선생님, 친구, 주변 이웃까지 아이는 매일 다른 사람과 만나고 함께 생활합니다.

대부분의 부모들은 내 아이가 사회성이 좋았으면 하고 바랍니다. 다른 사람들과 잘 어울리며 자라기를 바라지요. 『열 살 전에, 더불어 사는 법을 가르쳐라』의 저자 이기동 교수는 하버드대 졸업생 중 목표를 이루고 행복한 삶을 산 사람들은 하나같이 깊은 신뢰 속에서 관계를 맺고, 다른 사람들과 꾸준히 교류하는 사람들이었다고 합니다. 아무리 많은 재능과 지식을 가진 사람이라도 큰 어려움에 부딪혔을 때 다시 일으켜 세워주는 힘은 바로 자신이 가치 있다고 믿는 자존감과 그런 자신을 믿어주는 주위 사람들이라는 것이지요.

## 아이의 또래 관계, 마음 졸이지 마세요

어린이집이나 유치원에서 이루어지는 부모 상담 중 가장 많은 부분을 차지하는 것은 또래 관계 문제입니다. 부모는 내 아이가 친구들과 사이좋게 지내는지, 괴롭힘을 당하는 건 아닌지, 어떤 친구와 친한지 등을 알고 싶어 합니다. 때로는 내 아이와 사이가 좋지 않은 친구가 있다면 나서서 문제를 해결하려고 합니다.

영유아기의 발달 특성상 아이가 타인과 관계 맺음이 서툰 것은 당연합니다. 아이는 이제 막 부모 곁을 떠나 바깥 사회를 처음 경험하고 새로운 친구들을 만났으니까요. 처음부터 친숙하게 다가가고 스스럼없이 어울릴 수도 있지만, 아직 자기중심적인 사고가 강한 유아기는 또래 사이에 서로 마음을 맞추고 적절한 방법으로 자기 감정을 표현하기가 쉽지 않습니다. 때로는 치열하게 다투기도 하고, 또 속상함에 엉엉 울기도 합니다. 이러한 지극히 자연스러운 과정을 겪으면서 아이는 다른 이들과 함께 살아가기 위한 여러 가지 사회 기술을 습득하고, 인간관계를 배워나갑니다.

그러므로 부모는 아이의 또래 관계에 지나치게 개입하거나 속상해서 아이 싸움을 어른 싸움으로 끌고 가서는 안 됩니다. 친구와 갈등이 생겼을 때 부딪쳐 싸워보기도 하고 가슴 아파하기도 하고 때로는 한발 물러나기도 하며 스스로 조절하고 용기 내어 풀어나가는 과정에서 아이는 한 뼘 더 자랍니다. 부모의 과도한 개입이 다음 날이면 자연스럽게 풀릴 상황을 오히려 예민하게 받아들이게 하여, 아이에게 더 큰 스트레스로 작용할 수도 있습니다.

아이에게는 속상한 마음을 그저 토닥여주고 따뜻하게 안아주는 부모, 아이 스스로 극복해내는 힘을 믿고 넉넉한 마음으로 기다려줄 수 있는 부모가 필요합니다.

## 아이가 관계의 스펙트럼을 넓히게 도와주자

부모는 타인에게 예의 바르게 행동하고 따뜻하고 진솔하게 대하는 친사회적 기술, 곱고 바른 언어 사용, 상대에 대한 포용력 등을 직접 실천함으로써 아이에게 본보기가 되어주어야 합니다. 하지만 부모만이 이것을 해줄 수 있는 것은 아닙니다. 아이 주변에는 형제자매, 조부모, 친인척, 이웃, 교사 등 많은 사람들이 있습니다. 아이는 이들과 만나고 소통합니다.

부모는 아이가 다양한 관계 맺음을 할 수 있도록 교량 역할을 해주어야 합니다. 한 사람을 만나는 것은 또 하나의 세상을 배우는 것입니다. 다양한 만남 속에서 더 폭넓은 경험과 배움을 얻고, 그 과정에서 건강한 사회성을 기르게 해야 합니다.

또한 부모가 다른 이들과 교류하는 모습을 어깨너머로 보면서 자란 아이는 사람과 세상을 바라보는 관점이 더욱 풍부해질 것입니다. 이렇게 주변 사람들과 자연스럽게 어울리며, 타인과 더불어 살아가는 지혜를 가진 아이로 자라게 도와주세요.

# 생태어린이집, 생태유치원의
## '연령통합 프로그램'을 소개합니다

다양한 연령의 사람들과 함께 어우러지며 아이는 더 풍부하게 경험하고 배웁니다. 그것을 생태유아교육기관에 집약해놓은 것이 바로 연령통합 프로그램입니다. 일명 '언니오빠 프로그램'으로 여러 연령의 또래가 상호작용하고, 어울릴 수 있도록 지원하고 격려하는 교육과정입니다. 형제자매가 적은 요즘 아이들에게 유아교육기관에서 형제자매를 이어주어서 다양한 또래 관계를 경험하도록 해주는 것이지요.

이때 아이들의 관계는 상위 연령이 동생을 돌보고, 동생은 보살핌을 받는 일방적인 관계가 아닙니다. 상호 영향을 주고받는 관계이며, 그런 관계 맺음을 통해 자연스럽게 양방향의 배움이 일어나게 됩니다.

상위 연령의 아이는 이야기언니, 책오빠, 노래언니, 딱지치기형아, 밥상언니, 줄넘기오빠 등이 되어 자신의 강점을 살려 동생을 돕고, 그 과정에서 자존감과 리더십이 높아지고 자신의 강점을 키우기 위해 더욱 노력하며 학습을 강화하는 경험을 하게 됩니다. 하위 연령의 아이는 교사보다 언니, 오빠를 더 따르고 좋아하며, 무엇이든 척척 잘하는 언니, 형아를 우러러보며 배움에 대한 자발적 동기가 생겨납니다.

또한 연령통합 프로그램을 통하여 담임교사뿐 아니라, 옆반 윗반 아랫반 선생님들을 자주 만나며 다양한 언어와 사고를 경험함으로써 다채로운 배움이 자연스럽게 일어납니다.

# 아이는
# 온 우주를
# 담은 존재

## 스스로 배우는 아이

우리 조상들은 아이를 하늘과 땅의 기운을 받아 만들어진 존귀한 존재로 보았습니다. 이처럼 아이는 우주의 무궁한 기운을 가졌으며, 스스로 살아가고 더불어 살아갈 수 있는 무한한 잠재 가능성과 생명력을 지닌 존재입니다.

동물과 다른 인간의 특성으로 직립보행과 언어소통 능력을 들 수 있는데, 아이는 이 능력을 타인에게 배워서가 아니라 스스로 해냅니다. 수십 번, 수백 번 넘어지기를 반복하며 결국 걷기를 해내고, 옹알이부터 시작하여 한두 단어를 겨우 내뱉다가 결국 자기 의사를 분명하게 표현하며 타인과 소통합니다.

이처럼 인간에게 필요한 중요한 능력을 가르치지 않아도 아이 스스로 배웁니다. 어른이 가르쳐주지 않아도, 누군가 하라고 강요하지 않아도 때가 되면 스스로 알아서 하는 존재가 아이입니다. 가르치지 않아도 아이 스스로 배울 수 있다는 아동관과 교육관은 자연의 이치대로 자연의 결에 따라 살고자 하는 생태적 세계관에서 나옵니다.

## 아이다운 아이

'아이는 어른의 스승'이라는 말이 있습니다. 성경에서는 "너희가 돌이켜 어린아이와 같이 되지 않으면 결코 천국에 들어갈 수 없다"(마태복음 18:3)라고 했고, 불교에는 '아기부처'라는 말이 있습니다.

자연의 맑고 밝고 선하고 순수한 아름다움을 그대로 간직한 존재가 바로 아이입니다. 헤겔, 하이데거, 톨스토이, 융에게 영향을 미친 동양의 고전 『도덕경』에서는 아이를 부드럽고 유연한 존재라고 했고, 궁극적으로 인간이 도달해야 할 존재라고 여겼습니다. 즉, 아이는 자연이고 뿌리이며 생명이고 어른의 스승입니다. 아이는 본능이 살아 있고 꾸밈없이 솔직하여 있는 그대로 보여주며 생명력이 넘치는데, 이러한 아이의 모습을 어른이 본받아야 한다는 뜻이지요.

산모는 태아를 기르지만 우위에 서서 태아를 제압할 수는 없습니다. 이에 노자는 '부모가 배 속 공간을 제공하고 양분을 주지만 이목구비와 손발이 생기는 순서와 세상으로 나오는 시기는 태아가 결정한다. 그렇듯 부모가 아이를 돌보지만 부모 뜻대로 하는 것이 아니라 아이를 자신의 스승으로 삼아 본받으라'라고 말했습니다.

그런데 지금 우리는 아이에게 더 빨리 어른이 되라고 강요하고 있지는 않나요? 아이다움은 어릴 때만 가질 수 있는, 어른이 되고 난 후에는 돌아갈 수 없는 아이만의 특성입니다. 아이에게 빨리 어른이 되라고 할 것이 아니라, 아이가 본래 가지고 있는 아이다움을 오랫동안 간직할 수 있도록 돕는 것이 최고의 육아이고 교육입니다. 아이다움을 오래 간직한 아이는 어릴 때는 늦되다는 생각이 들 수도 있지만, 결국 세상을 살아가는 든든한 뿌리를 가진 생명력 강한 아이가 될 수 있습니다.

## 유일무이한 존재

육아는 힘들고 고단하지만 한편으로 흐뭇하고 행복한 일이기도 합니다. 힘들고 고단하다는 것은 아이가 먹고 자고 싸고 노는 일상의 소소한 생활을 하나하나 돌보아야 하고, 이것이 내 뜻대로 되지 않을 때도 있기 때문입니다. 흐뭇하고 행복하다는 것은 아이의 존재 그 자체에서 나옵니다. 순수하고 밝고 맑은 아이만의 특성을 당연시하지 말고, 있는 그대로 귀하고 아름답고 경이롭게 바라보세요. 부모가 아이를 바라보는 눈과 마음이 아이가 자신을 바라보는 눈과 마음이 됩니다. 자신을 바라보는 눈과 마음은 곧 자존감이 되고, 세상에 나가 살아가는 밑바탕이 됩니다. 부모가 아이를 귀하고 경이롭게 바라볼 때 아이도 자신을 이 세상에서 유일무이한 귀한 존재로 바라보게 되는 것이지요.

우리 조상들은 아이를 삼신할머니가 점지하신 '신의 선물'이라고 여겼고, 아이를 기르는 것은 '신이 내려주신 아이를 정성을 다해 모시고 섬기는 일'이라고 했습니다. 아이는 하늘의 뜻과 자연의 돌봄이 있어야 태어나고 자랄 수 있다고 본 것이지요.

　백지 상태인 아이에게 계속해서 무언가를 넣어주고 가르치는 것이 부모의 역할이 아닙니다. 밝고 맑고 순수한 아름다움을 가진 아이로부터 밝고 맑고 순수한 아름다움을 배우고, 그 아름다움을 오래 간직할 수 있도록 마음과 정성을 다해 아이를 섬기는 것이 바로 부모가 할 일입니다.

# '잘잘잘 육아'를 위한 부모의 다짐

### 하나. 첫 마음 첫 느낌 그대로
아이와 처음 만났던 순간을 잊지 않아요.

### 둘. 난 대로 걸 대로
아이 존재를 있는 그대로 인정해요.

### 셋. 사랑과 정성으로
온 마음으로 아이를 섬겨요.

### 넷. 기다림으로
조바심보다는 과정을 즐기며 넉넉한 마음으로 기다려요.

### 다섯. 지금 이 순간을 소중하게
미래보다 지금 이 순간 행복한 몰입을 느껴요.

### 여섯. 아이 스스로 살아가는 힘으로
아이도 자기 힘으로 살아갈 능력이 있음을 믿어요.

### 일곱. 부모의 성숙이 아이의 성장으로
부모가 먼저 더 나은 사람으로 성숙한 모습을 보여줘요.

### 여덟. 내 아이에서 우리 아이들로
내 아이가 소중하듯 다른 아이들도 소중히 여겨요.

### 아홉. 더불어 살아가는 삶으로
사람과 사람이 서로 돕고 사랑하는 모습으로 살아요.

### 열. 자연과 함께하는 세상으로
자연과 더불어 살아가는 마음을 실천해요.

## 1장 놀이 : 놀면서 자라고 배우는 아이

김민진, 「조기영어교육 경험이 유아의 사회언어학적 능력 발달에 미치는 영향」, 『유아교육학논집』 16권 5호, 2012

김유정, 「우리나라에서 조기영어교육이 한국어 모국어 발화에 미치는 영향」(사이버한국외국어대학교 석사학위 논문), 2014

김은주 외, 『이것이 진짜 아이들 놀이다』, 공동체, 2019

김형재, 「조기영어교육 경험에 따른 유아의 한국어 어휘력, 실행기능, 스트레스 및 문제행동의 차이」(경성대학교 대학원 박사학위 논문), 2011

사교육걱정없는세상, 『아깝다! 영어 헛고생』, 우리학교, 2014

안경식, 「소파 방정환의 삶과 동심」, 방정환 선생 탄생 120주년 기념 학술 포럼, 2019

이경제, 『내 아이 건강은 초등학교 때 완성된다』, 세종서적, 2014

임재택 · 조순영 · 이숙희 · 심미연, 『생태유아교육 프로그램 실제』, 생태아이, 2021

임재택 · 하정연 · 김은주 · 최윤정 · 강신영, 『손끝으로 만나는 세상』, 양서원, 2002

편해문, 『놀이터, 위험해야 안전하다』, 소나무, 2015

편해문, 『아이들은 놀이가 밥이다』, 소나무, 2012

하세가와 요시야, 『뇌 노화를 멈추려면 35세부터 치아 관리 습관을 바꿔라』, 이진원 옮김, 갈매나무, 2019

이슬기, 〈영어유치원 10곳이 생기면 소아정신과 1곳 생긴다?〉, 오마이뉴스, 2017.2.5

조해람, 〈소아정신과 전문의 85% "영유아 선행학습, 정신건강에 해롭다"〉, 경향신문, 2020.12.1

홍민정, 〈영어유치원을 포기하는 용기〉, 시사IN, 2020.12.4

## 2장 먹거리 : 바른 먹거리로 대접받는 아이

김광호·김미지, 『아이의 식생활』, 지식채널, 2010

방성혜, 『엄마가 읽는 동의보감』, 리더스북, 2013

배지영, 『나 없이 마트 가지 마라』, 21세기북스, 2018

오한나·최충호, 「죽염이 우식활성에 미치는 영향」, 대한구강보건학회지 40권 4호, 2016

오한나·최충호, 「죽염이 염증성 치은 섬유 모세포에 미치는 영향」, 대한구강보건학회지 38권 2호, 2014

임재택·조순영·이숙희·심미연, 『생태유아교육 프로그램 실제』, 생태아이, 2021

제인 구달, 『희망의 밥상』, 김은영 옮김, 사이언스북스, 2006

SBS스페셜제작팀, 『밥상머리의 작은 기적』, 리더스북, 2020

권갑하, 〈추억의 국수와 수입 밀가루〉, 여성소비자신문, 2019.7.10

김자연, 〈美 농약위험 과채류 유기농 권고〉, 의학신문, 2015.4.27

김희원, 〈동아시아 문화의 공통분모 '젓가락'〉, 세계일보, 2015.11.14

송현숙, 〈우리 집 밥상 위에 독은 없는가〉, 강원경제, 2021.4.14

이현주, 〈고기 안 먹으면 이런 놀라운 변화가?…소고기 대신 소나무를〉, 스포츠경향, 2019.9.22

〈코로나 집밥족 증가로 고추장은 이제 음식 조연이 아닌 주연!〉, 한국농수산식품유통공사 블로그

〈식품첨가물이란? 아질산나트륨, 과산화수소, 사카린, 아스파탐… 종류도 참 많아요〉, 해피도날드의 Health & Life 블로그

〈2023년 전세계에서 트랜스지방을 몰아내자〉, KBS 뉴스, 2021.12.10

## 3장 건강 : 자연치유력으로 건강한 아이

기와시마 아키라, 『몸이 따뜻한 아이가 공부도 잘한다』, 최수진 옮김, 아카데미북, 2011

박지영, 『아이를 위한 면역학 수업』, 창비, 2020

사이토 마사시, 『체온 1도가 내 몸을 살린다: 실천편』, 나라원, 2011

선재광, 『체온 1도의 기적』, 다온북스, 2020

아보 도오루, 『아보 도오루 체온 면역력』, 한승섭 옮김, 중앙생활사, 2015

우베 칼슈테트, 『37°C의 비밀』, 경원북스, 2017

진병국, 『만병의 원인은 저체온』, 문학공원, 2015

최민형, 『잘 아파야 건강한 아이』, 베가북스, 2017

최병갑, 『병 안 걸리고 사는 역체온 건강법』, 더블북, 2011

건기남의 건강기능식품상식, '건기남은 왜 아이들에게 어린이용 영양제 먹이지 않을까?', https://www.youtube.com/watch?v=d1HvdToLm3w

박광균, 〈합성 영양제와 천연 영양제〉, 브레이크뉴스, 2121.9.28

유민정, 〈웃음이 우리 삶에 미치는 영향〉, 케미컬뉴스, 2021.11.15

이민지, 〈영양제의 효능, 진실 혹은 거짓… 약사가 답했다〉, 하이닥, 2021.9.7

〈어린이 비타민, 화학첨가물 안전지대 없나… 100% 천연원료 제품 주목〉, 한경닷컴, 2017.2.6

## 4장 일상 : 안전한 환경에서 생활하는 아이

권장희, 『스마트폰으로부터 아이를 구하라』, 마더북스, 2018

권장희, 『우리 아이 게임 절제력』, 마더북스, 2010

김광호 · 조미진, 『오래된 미래, 전통육아의 비밀』, 라이온북스, 2012

앨런 그린, 『그린베이비』, 생태지평연구소 옮김, 한울림, 2009

우츠기 류이치, 『화장품이 피부를 망친다』, 윤지나 옮김, 청림Life, 2013

이영애,『잠자기 전 15분, 아이와 함께하는 시간』, 위즈덤하우스, 2017

임재택 · 권미량 · 김은주,『우리가 아껴 쓰고 나눠 쓸래요』, 양서원, 2002

임종한,『아이 몸에 독이 쌓이고 있다』, 예담friend, 2016

Elizabeth L. Adams, Jennifer S. Savage, Lindsay Master, Orfeu M. Buxton, "Time for bed! Earlier sleep onset is associated with longer nighttime sleep duration during infancy", Sleep Medicine 73, September 2020, pp.238-245

리사 그로미코(Lisa Gromicko),〈수면의 생리적 기초〉, 발도르프뉴스, 2021.2.25

오진영,〈부츠와 기모레깅스, 겨울철 여성 건강의 적〉, 베이비뉴스, 2015.1.6

〈인간 위협하는 부메랑… 플라스틱 소비하는 인류의 비애〈호모 플라스티쿠스, 우리가 만든 전쟁〉〉, 쿠키뉴스, 2021.8.4

환경부, '실내공기 제대로 알기 100문 100답', 2019

## 5장 관계 : 사람 · 자연과 더불어 살아가는 아이

유종반,『때를 알다 해를 살다』, 작은것이아름답다, 2019

이기동,『열 살 전에, 더불어 사는 법을 가르쳐라』, 걷는나무, 2016

임재택,『생태유아교육개론』, 양서원, 2005

임재택 · 권미량 · 김은주,『우리가 아껴 쓰고 나눠 쓸래요』, 양서원, 2002

임재택 · 조순영 · 이숙희 · 심미연,『생태유아교육 프로그램 실제』, 생태아이, 2021

콜린 베번,『노 임팩트 맨』, 이은선 옮김, 북하우스, 2010

김대현,〈통통 캠핑-캠핑의 이유〉, 아웃도어뉴스, 2014.2.28

스티브 커츠(Steve Cutts),〈맨(MAN)〉(단편 애니메이션)

〈지금 시작해도 늦지 않은 우리 집 베란다 텃밭〉, 앙쥬, 2021.10.1

〈코로나 19, 실내 텃밭 가꾸기〉, 농촌진흥청 '농사로' 사이트(https://www.nongsaro.go.kr)

잘잘잘 육아

1판 1쇄 펴낸날 | 2022년 5월 25일

글 | 조순영, 이영경, 위다겸, 송주은
그림 | 구주연
펴낸이 | 정종호
펴낸곳 | (주)청어람미디어(청어람라이프)

편집 | 한미경, 류샛별
마케팅 | 이주은, 강유은
제작·관리 | 정수진
인쇄·제본 | (주)에스제이피앤비

등록 | 1998년 12월 8일 제22-1469호
주소 | 03908 서울 마포구 월드컵북로 375, 402호
전화 | 02-3143-4006~8 | 팩스 | 02-3143-4003

ISBN 979-11-5871-201-3 13590

잘못된 책은 구입하신 서점에서 바꾸어 드립니다.
값은 뒤표지에 있습니다.